DAS ORIGINAL

MERCEDES SL

300 SL, 190 SL, 230/250/280 SL bis 1971

Laurence Meredith

Photos: Rowan Isaac/Dieter Rebmann

HEEL

Danksagung

Mein ausdrücklicher Dank geht an die folgenden Personen, die mir bei der Erstellung des Begleittexts ihre freundliche Unterstützung gewährten: Tom Johnson, Vernon Cox, Ron Cushway, Bill Jennings, Gordon Hoey, Ron Waghorn, Alan Yates, George Shetliffe, Roger Edwards, Nick Kisch, Daimler-Benz Stuttgart, Tina Bellamy, Frank Mallory, Michael Egan, Gisela Bohn, Gerold Nisius und Peter Braun.

Fahrzeuge, die in Großbritannien abgelichtet wurden, befinden sich im Besitz von Vic Gill (230 SL), Nick Kisch (280 SL) sowie Valerie und Vernon Cox (280 SL 2+2-Coupé). Weitere Photografien steuerten bei: Dennis Adler (Pininfarina 230 SL, US-Version 280 SL) sowie Tony Baker (300 SL Rennwagen). Fahrzeuge, die in Deutschland abgelichtet wurden, stellte uns freundlicherweise die Firma Kienle Automobiltechnik zur Verfügung, weltweit die führende Adresse zum Thema Mercedes-Benz SL.

Gegründet im Jahre 1983 in Rutesheim, durchlebte Kienle Automobiltechnik eine intensive Wachstumsphase, so daß schon bald neue Räumlichkeiten unumgänglich wurden. Heute befindet sich der daraufhin im Jahre 1990 bezogene, 4000 Quadratmeter große Firmensitz in Heimerdingen in der Nähe von Stuttgart. 52 hochqualifizierte Fachkräfte kümmern sich dort um sämtliche Belange zum Thema SL. Die beiden Stockwerke des Firmengebäudes teilen sich auf in Empfangsräume sowie in die Fachabteilungen Werkstatt, Motor, Ausstattung, Karosserie und Ersatzteile, so daß das Unternehmen in der Lage ist, nahezu autark zu arbeiten. Der Firmeninhaber, Klaus Kienle, stand von 1963 bis 1983 in den Diensten von Mercedes-Benz, und begann dort seine Karriere als Ausbilder. Nähere Angaben sind zu erhalten bei Kienle Automobiltechnik GmbH, Max-Planck-Str. 4, D-71254 Ditzingen-Heimerdingen, Telefon 0 71 52 / 5 28 27, Fax 0 71 52 / 5 80 16.

IMPRESSUM

HEEL Verlag GmbH
Gut Pottscheidt
53639 Königswinter
Tel.: 02223 9230-0
Fax: 02223 9230-26
info@heel-verlag.de
www.heel-verlag.de

Deutsche Übersetzung: Luis Fernandes
Satz: Fotosatz Hoffmann
Titelbild: © Dieter Rebmann

Printed in Romania

ISBN 978-3-95843-306-9

DAS ORIGINAL

MERCEDES SL

Inhalt

Mercedes SL – gestern & heute	6
Die 300 SL Rennwagen	10
Der 300 SL Flügeltürer	14
Der 300 SL Roadster	34
Der 190 SL	47
Der 230 SL, 250 SL & 280 SL	64
Das Pininfarina 230 SL Coupé	92
Kauf & Restaurierung	94
Datenprofil	100

Mercedes SL – gestern & heute

Die Geschichte des Mercedes-Benz SL ist einzigartig. Die dem Jahre 1951 entsprungene Idee, einen international wettbewerbsfähigen Sportrennwagen auf die Räder zu stellen, formte die Grundlage für eine der langlebigsten und erfolgreichsten Sportwagenfamilien der Automobilgeschichte.

Nach Kriegsende blieb Daimler-Benz außer zerbombten Produktionsanlagen nur die wehmütige Erinnerung an die glorreichen dreißiger Jahre, als die Marke mit dem Stern noch die Rennpisten dieser Welt dominierte. Glücklicherweise überlebten die Konstrukteure, Techniker und Fahrer der in den Dreißigern erfolgreichen Monoposti die Kriegswirren, so daß trotz des mühsamen Wiederaufbaus der Fahrzeugfertigung das Unternehmen optimistisch in die Zukunft blicken konnte. So steigerten sich die Produktionszahlen von 200 Einheiten im Jahre 1946 auf stattliche 34 000 Einheiten im Jahre 1950.

Im Juni 1951 entsandte das Untertürkheimer Werk eine kleine Delegation zu den 24 Stunden von Le Mans, um die Chancen für eine erfolgreiche Wiederbelebung der werkseigenen Rennabteilung zu prüfen. Leiter dieser kleinen Gruppe war Alfred Neubauer, jener Mann, der schon in den Jahren vor dem Kriege als Rennleiter für zahlreiche Grand Prix-Siege verantwortlich gezeichnet hatte. Ebenfalls von der Partie waren die Fahrer Hermann Lang, Hans Hermann und Karl Kling. Dieser kleinen Delegation oblag es nun, sämtliche gewonnenen Eindrücke und Informationen an den Leiter des Pkw-Fahrgestellbaus, Franz Roller, den technischen Direktor Dr. Fritz Nallinger und den Leiter der Versuchsabteilung, Dr. Rudi Uhlenhaut, weiterzuleiten.

1952 trat Daimler-Benz mit der Entscheidung, mit einem Sportcoupé das internationale Rennsportengagement wiederaufnehmen zu wollen, an die Weltöffentlichkeit, wobei parallel hierzu intensiv die Entwicklung eines Grand-Prix-Rennwagens vorangetrieben wurde. Abgezielt auf die neu eingeführte 2,5-Liter-Hubraumklasse sollte der neue Hoffnungsträger 1954 in der Formel 1 unter der Bezeichnung „W 196“ ins Rennen gehen. Als erster Sproß der neuen Untertürkheimer „Super-Leicht“-Familie erblickte der 300 SL Flügeltürer das Licht der automobilen Rennsportwelt. Auf den Begriffen „Sport“ und „Leicht“ basierend, wechselte das Kürzel „SL“ anläßlich der ersten Präsentation des neuen Rennboliden jedoch zur abgeänderten Werksbezeichnung „Super-Leicht“. Der neue Sportrennwagen erwies sich als absoluter Erfolgsgriff, gewann er doch geradewegs in Le Mans, die Carrera Panamericana und diverse Rennen im Rahmen der Großen Preise von Deutschland und der Schweiz. Der 300 SL war der Maßstab, woran sich der Rennsport in den fünfziger Jahren zu messen hatte.

Im Oktober 1952 setzte Daimler-Benz die Renneinsätze des 300 SL allerdings erst einmal wieder aus, um sich technologisch und finanziell vollständig auf den W 196 konzentrieren zu können. Im Gewand des 300 SLR feierte der Flügeltürer allerdings schon bald sein Comeback, das er in der Rennsaison des Jahres 1955 nicht minder erfolgreich

Erstmals der Öffentlichkeit auf der New York Motor Show des Jahres 1954 vorgestellt, erwarb sich der 240 km/h schnelle 300 SL mit seinen in Dachmitte angeschlagenen Türen sofort den Beinamen „Flügeltürer“.

Basierend auf der 180er Limousine und im gleichen Atemzug mit dem Flügeltürer vorgestellt, präsentierte sich der 190 SL als Daimler-Benz' erster Sportwagen in selbsttragender Bauweise. Unter absoluter Geheimhaltung im Schatten des 300 SL entwickelt, feierte der 190 SL auf der New Yorker Autoshow ein nicht minder sensationelles Debüt.

gleich mit vier von fünf Siegen zu krönen vermochte. Unter der Werksbezeichnung „W 196S" präsentierte sich der 300 SLR zwar als Sportwagenversion des W 196, lehnte sich optisch jedoch an den 300 SL an. Unter dem Blechkleid allerdings wies der W 196S erhebliche Unterschiede auf, vornehmlich in der Verwendung des Achtzylindertriebwerks des W 196, aufgestockt auf einen Hubraum von 2992 Kubikzentimetern. Eins der besonderen technischen Merkmale dieses Aggregats war der mittig angeordnete Abtrieb, der aus dem Achtzylinder im Prinzip zwei in Reihe arbeitende Vierzylinder machte.

Dieses neuerliche Renndebüt sollte den Grundstein legen für die spätere Serienfertigung des 300 SL. Der New Yorker Max Hoffman, seines Zeichens Sportwagenliebhaber und nordamerikanischer Mercedes-Benz-Importeur, verfolgte die Rennsporterfolge des 300 SL mit außerordentlichem Interesse und war der vollkommenen Überzeugung, daß eine straßentaugliche Serienversion durchaus reelle Verkaufschancen besäße. Daimler-Benz' Firmenleitung zeigte sich angesichts seiner Vision sehr skeptisch, doch Hofmans Zusage einer festen Bestellung von nicht weniger als 1000 Fahrzeugen brachte den Stein letztendlich ins Rollen.

Im Januar 1954 erlebte die New York Motor Sports Show eine Sensation. Die Straßenversion des 300 SL, ausgestattet mit Dreiliter-Sechszylindermotor und (der Welt erster serienmäßig verbauter) Benzineinspritzanlage, war gut für eine Spitzengeschwindigkeit von über 240 km/h – und hatte uneingeschränkt das Zeug zur Legende. Der 300 SL stieß in nahezu jedem Aspekt seiner Konzeption in neues Terrain vor. Das hatte allerdings auch seinen Preis, waren zum damaligen Zeitpunkt doch 29 000 Mark bzw. 6820 Dollar selbst für einen Sportwagen nicht gerade wenig. Dennoch fanden sämtliche 1400 produzierten Flügeltürer einen stolzen Besitzer.

Die New Yorker Automobilshow wartete neben dem 300 SL allerdings noch mit einer weiteren Sensation auf. Hatten sich im Vorfeld der Ausstellung bereits die Gerüchte über die Präsentation eines sensationellen neuen Sportwagens verdichtet, so verschlug der bis zuletzt geheim gehaltene 190 SL der staunenden Automobilwelt endgültig den Atem. Optisch nahezu eine Kopie des 300 SL, vermochte der 190 SL mit einem bedeutend niedrigeren Verkaufspreis zu glänzen. Grund für den niedrigeren Einstiegspreis war zweifellos die erheblich abgespeckte Konstruktion, der als Basis die 180er Limousine aus gleichem Hause diente. Eingekleidet in eine Ganzstahlkarosserie, verwendete der 16 500 Mark teure Roadster neben dem, für den neuen Einsatzzweck allerdings leistungsgesteigerten 1897 ccm großen Vierzylinder-Reihenmotor des 180 auch eine verkürzte Version der Bodengruppe, die Fahrwerksaufhängung sowie ebenfalls etliche andere Komponenten des Viersitzers.

Der 190 SL präsentierte sich hervorragend durchdacht und gearbeitet, und obwohl seine Fahrleistungen nicht an die der britischen Konkurrenten, wie beispielsweise die

eines Austin-Healey, heranzureichen vermochten, zählten die Fahreigenschaften des 190 SL zu den besten der damaligen Zeit. Der Baby-SL entzog sich nahezu jeglicher Kritik, begeisterte er Kritiker und Publikum gleichermaßen mit seiner stark am 300 SL angelehnten Optik und seinem fast identischen Interieur, das den Insassen das Gefühl vermittelte, im „großen" SL zu sitzen. Der 190 SL strahlte höchste Ingenieurskunst aus, was so manchen Fachjournalisten natürlich nicht davon abhielt, dem Wagen das letzte, aber unverzichtbare Quentchen an Sportwagencharakter abzusprechen. Die eigentliche Stärke des 190 SL lag jedoch auf einem ganz anderen Gebiet, allemal ausreichend, um bis zu seiner Produktionseinstellung weltweit stattliche 25 881 Käufer zu finden.

Im Gegensatz zum 300 SL überdauerte der 190 SL bis hinein in die sechziger Jahre. Nach einer Bauzeit von nur zwei Jahren sollte der Flügeltürer im 300 SL Roadster, der im März des Jahres 1957 vorgestellt wurde, einen würdigen Nachfolger finden. Aus den 300 SL-Rennwagen entwickelt, zeigte sich die Serienversion des Flügeltürers in manchen Belangen jedoch als mindestens ebenso unpraktisch. Anlaß zur Sorge gab die Zweigelenk-Pendel-Schwingachse der Hinterradaufhängung, die den Wagen bei hohen Geschwindigkeiten urplötzlich übersteuern ließ. Die einzigartigen und überaus attraktiven Flügeltüren stellten in den Augen mancher Kritiker zudem eine bei Fahrzeugüberschlägen nicht zu unterschätzende Gefahr dar, vermochten sich die Insassen im Falle eines „Kopfstands", nicht ohne weiteres aus dem Auto zu befreien. Erwies sich das Ein- und Aussteigen schon für den Herrn als uneingeschränkter Beweis akrobatischer Fähigkeiten, so erzwangen die breiten, hochbauenden Türschweller des 300 SL bei nicht gerade in Hosen gekleideten Damen die großzügige Zurschaustellung manchen Zentimeters weiblicher Haut, ein Umstand, der von männlicher Seite allerdings nicht unbedingt als unvorteilhaft angesehen wurde.

All diesen vermeintlichen Kritikpunkten setzte Daimler-Benz im März 1957 den Nachfolger des Flügeltürers entgegen, den 300 SL Roadster. Aufgebaut mit konventionell an der A-Säule angeschlagenen Türen und überarbeitetem Gitterrohrrahmen, war der Roadster lieferbar mit Stoffverdeck und gegen Aufpreis mit abnehmbarem Hardtop. Der Stahlrohr-Gitterrahmen mußte aufgrund der fehlenden Dachstruktur gegen Torsionsverwindungen verstärkt und zur Aufnahme der konventionellen Türen abgeändert werden. 300 SL-Kontrukteur Uhlenhauts neuralgische Hinterachskonstruktion wurde zwar übernommen, war jedoch nun als Eingelenk-Pendelachse ausgeführt, die die Handlingeigenschaften des Wagens enorm verbesserte.

Optisch präsentierte sich der Roadster ebenfalls modifiziert. Großflächige Scheinwerfer mit integrierten Blink- und Nebelleuchten und die panoramaartige Windschutzscheibe waren zwar nur subtile Charaktermerkmale, ließen den offenen 300 SL aber ganz anders auftreten. Als Antriebseinheit fungierte der gleiche Reihensechszylinder, in der leistungsstärksten Version allerdings auf 225 PS bei 5900 Upm aufgepeppelt. Das Mehrgewicht von etwa 80 kg und das ungünstigere Aerodynamikverhalten bescherten dem Roadster zwar eine niedrigere Höchstgeschwindigkeit, wirkten sich auf die Fahreigenschaften allerdings nicht negativ aus. Für die meisten Roadster-Besitzer ließ sich der offene SL eher besser fahren als sein Coupé-Pendant. Insgesamt 1858 Roadster wurden zwischen 1957 und 1963 produziert.

Das ursprüngliche SL-Design zeigte sich zeitlos, doch mit den Jahren wurden ein populäreres Design und eine an die allgemeine Entwicklung angepaßte Konzeption unumgänglich. 1963 stellte Daimler-Benz deshalb den SL der zweiten Generation vor, ebenfalls von Rudi Uhlenhaut konstruiert. Basierend auf der Limousine 220 SE, war der neue 230 SL zwar mindestens ebenso aufregend gestylt wie sein Vorgänger, aber letztendlich doch ein an die Erfordernisse des Automobilmarkts angelehnter Kompromiß, dem Kritiker sogar das „Super-Leicht"-Prädikat absprachen. Als eleganter Zweisitzer, geschmackvoll in Szene gesetzt mit einer gehörigen Portion Understatement-Charme, lieferbar mit optionalem

Die Nachfolge des Flügeltürers trat der 300 SL Roadster an, der trotz höheren Gewichts, nicht ganz so agiler Fahrleistungen und konventionellen Erscheinungsbilds, mit verbessertem Komfort und unproblematischeren Fahreigenschaften aufwartete und eine dementsprechend breitere Interessentenschicht ansprach.

Die zweite Generation der klassischen SL-Familie betrat die Automobilbühne in Form des 230 SL. Grundlegend anders konzipiert, verabschiedete sich der neue SL, auch bekannt als „Pagode", von den rundlichen Karosserieformen der fünfziger Jahre, um mit seinem kantigeren, aber nicht weniger sportlichen Styling die in punkto Fahrgastsicherheit gewonnenen Erfahrungen durch eine weiterentwickelte Karosseriekonstruktion umzusetzen.

Hardtop, wahlweise ausgerüstet mit Schalt- oder Automatikgetriebe, und befeuert von einem 150 PS bei 5500 Upm leistenden 2306 ccm-Reihensechszylinder richtete sich der 230 SL von vornherein an eine wesentlich breitere Käuferschicht.

Dieser erste Vertreter der zweiten SL-Generation erfuhr selbstverständlich auch eine Weiterentwicklung, die manch puristische Kritikerstimme allerdings nicht unbedingt als Verbesserung ansah. Mit 150 PS zeigte sich der neue 250 SL, vorgestellt im März 1965, nicht leistungsstärker als sein Vorgänger, überzeugte aber aufgrund seines größeren Hubraums mit besseren Drehmomentwerten und verbessertem Fahrverhalten. Eine neue Bremsanlage mit Scheibenbremsen an allen vier Rädern ersetzte die bisherige Scheiben-/Trommelbremsen-Kombination, äußerlich aber blieb der SL weitestgehend unverändert.

Der 250 SL erwies sich als attraktiver Sportwagen, erlebte jedoch nur eine Bauzeit von bescheidenen 14 Monaten. Sein Nachfolger, der 280 SL, wurde 1967 vorgestellt und zeigte sich gegenüber 230 SL und 250 SL äußerlich kaum verändert. Daimler-Benz vertraute auf die Zeitlosigkeit des SL-Designs, ganz im Gegensatz zu zahlreichen Mitbewerbern, die ihre Fahrzeuge den „schwungvollen", jedoch recht kurzlebigen Modeströmungen der sechziger Jahre unterwarfen.

Der 280 SL gab sich sozusagen als aktualisierte Ausgabe des ursprünglichen 230 SL, nur eben in verbesserter Ausführung. Daimler-Benz tat mit dem 280 SL nicht nur den ersten Schritt in eine neue Ära im Automobilbau, sondern auch alle anderen Autohersteller wurden immer stärker mit dem zuerst in den USA aufgekommenen Umwelt- und Sicherheitsdenken konfrontiert. In den Vereinigten Staaten erfuhr ein gewisser Ralph Nader mit seiner Anti-Auto-Kampagne immer stärkeren Zuspruch seitens der Öffentlichkeit, so daß sich die Diskussion um Sicherheit und Emissionen im Jahre 1968 nicht nur zum vorherrschenden Thema entwickelt hatte, sondern auch erste gesetzgeberische Maßnahmen mit sich brachte. Für den 280 SL in US-Ausführung bedeuteten diese Gesetze emissionsbegrenzende Zusatzaggregate, die im Vergleich zur europäischen Version eine um etwa 10 PS verringerte Motorleistung zur Folge hatten – normalerweise verfügte der 280 SL gegenüber dem 250 SL über 20 Mehr-PS.

Eine besonders erwähnenswerte Modifikation in der Konzeption des 280 SL bedeutete die Ausdehnung der Inspektionsintervalle von 3000 auf 10 000 Kilometer. Diese willkommene Vereinfachung in der Fahrzeugwartung hatte allerdings auch ihre Schattenseiten. Waren sämtliche Fahrwerksaufhängungen bislang regelmäßig geschmiert worden, so ging man beim 280 SL auf Gummilagerungen über, die den Wagen in seinen Fahreigenschaften eher träge machten. Da Originalkonzeptionen nur selten über längere Zeiträume aufrechterhalten werden können, legte auch der SL in seiner neunjährigen Produktionszeit an Gewicht zu, verlor aber gleichzeitig immer mehr seiner ursprünglichen Spritzigkeit.

Das Jahr 1971 markierte für Daimler-Benz einen einschneidenden Wendepunkt in der Konzeption der SL-Modelle. Trotz seines wuchtigeren Erscheinungsbilds immer noch unter der Bezeichnung „SL" firmierend, präsentierte sich die neue SL-Generation als vollkommen neu konstruiertes Fahrzeug. Ein neues Fahrgestell, großvolumigere Motoren zum Ausgleich des leistungsfressenden Emissionsbegrenzungssystems, zusätzliche Sicherheitseinrichtungen, kantiges Karosseriedesign sowie ein luxuriöses, statt sportliches Auftreten wiesen in eine neuorientierte Zukunft, die erst mit den ausgehenden neunziger Jahren und der Vorstellung des Mercedes-Benz SLK Reminiszenzen an die Urzeiten des SL wachrufen sollte.

Heute zählt die klassische SL-Familie, vom kompromißlosen 300 SL Flügeltürer bis zum komfortablen 280 SL, nicht nur bei eingefleischten SL-Enthusiasten, sondern auch bei vielen Liebhabern exzellenter Ingenieurskunst zu den am meisten geschätzten Fahrzeugen. Die schwierigste Prüfung, die Zeit, haben die SL mit Auszeichnung bestanden, vermochten sie doch stärker als andere Zeitgenossen diesem oftmals tödlichen Faktor zu trotzen.

Die 300 SL Rennwagen

Die Geschichte des 300 SL würde unvollständig sein, ohne einen Blick auf die Herkunft dieser Sportwagengattung, die 300 SL Rennwagen und die 300er Limousinen, geworfen zu haben. Ganz im Gegensatz zu den Rennwagen der Vorkriegsära gründete sich die Entwicklung des neuen Sportcoupés – das komplexe numerische Codesystem von Daimler-Benz führte es unter der Bezeichnung „W 194" – auf ein recht begrenztes Budget, auf seiten der mechanischen Komponenten reichlich unterstützt durch die 1951 auf der Internationalen Automobilausstellung in Frankfurt vorgestellte Limousine vom Typ 300. Diese Randbedingungen erwiesen sich natürlich nicht unbedingt als ideale Basis für die Entwicklung einer neuen Rennwagengeneration, zumindest aber waren sie ein Anfang.

Statt des kreuzförmigen Rahmengestells der 300er Limousine verwendete der neue Rennwagen einen Gitterrahmen, zusammengeschweißt aus Stahlrohren mit relativ kleinen Rohrdurchmessern. Die zu vielen kleinen Dreiecken zusammengesetzten Rohre ließen sich dabei nur auf Zug oder Druck beanspruchen, um auf diese Weise ein Höchstmaß an Verwindungsteifigkeit zu gewährleisten, auch nach Tausenden von Rennkilometern. Das Gewicht des Rahmens betrug dabei nur 50 Kilogramm.

Direkt von der großen Limousine übernommen wurde die Vorderachskonstruktion mit Trapezlenkern, Schraubenfedern, Teleskopstoßdämpfern und Querstabilisator. Die Federn- und Stoßdämpferaufnahmen wurden aus Gewichtsgründen durchbohrt. Die Hinterradführung übernahm die ebenfalls vom 300 stammende Zweigelenk-Pendelachse mit Schraubenfedern und Teleskopstoßdämpfern, wobei man die Stoßdämpfer hinter den Achshälften einbaute.

Die Bremstrommeln vorn und hinten ähnelten denen des 300, waren jedoch statt aus Gußeisen nach dem Alfin-Verfahren hergestellt, und mit eingeklebten Stahlringen versehen. Der Seriendurchmesser von 260 mm wurde beibehalten, die Breite allerdings auf 90 mm vergrößert. Alle vier Trommeln wiesen außen zwecks verbesserter Kühlung eine intensive Querverrippung auf. Die Bremsbeläge vom Typ VG95 stammten von Ferodo. Die Bremskraft übertrugen vorn jeweils zwei, von Einkolben-Radbremszylindern hydraulisch betätigte Primärbacken, hinten jeweils eine Kombination aus Primär- und Sekundärbacken. Aus Sicherheitsgründen implantierten die Konstrukteure zwei Hauptbremszylinder, einen für die Vorder- und einen für die Hinterachse.

Obgleich Alfred Neubauer aus Gründen höherer Lebensdauer und niedrigeren Betriebstemperaturen den Einbau von 16-Zoll-Rädern und -Bereifung gefordert hatte, kamen dennoch 15-Zoll-Ausführungen zum Einsatz, vermochte man doch hierdurch, die ungefederte Masse des Wagens zusätzlich um einen geringen, aber wichtigen Betrag zu reduzieren. Die anfänglich verbauten Stahlblechräder wurden später bei den meisten Rennwagen gegen Räder mit Stahlblechschüssel mit aufgenieteter Leichtmetallfelge und Rudge-Zentralverschlüssen ausgetauscht. Bereift wurden diese Räder mit Continental-Rennreifen in den Abmessungen 5.70 × 15 Zoll.

Die leichtgewichtige Aluminiumaußenhaut war direkt auf den Gitterrahmen aufgeschraubt, verzichtete jedoch aus Gründen effizienterer Aerodynamik weitestgehend auf

Der enorme Erfolg der 300 SL Rennwagen (W 194) begeisterte den nordamerikanischen Automobilliebhaber und Sportwagenimporteur Max Hoffman derart, daß er sage und schreibe 1000 straßentaugliche Versionen dieses faszinierenden Automobils orderte. Die ersten zehn Rennausführungen entstanden im Jahre 1952 und markierten Daimler-Benz' Rückkehr in den internationalen Motorsport. Die optische Verwandtschaft zur späteren Serienversion ist schon deutlich zu erkennen, vor allem die Heckpartie erfuhr im Verlauf der Entwicklung nur noch geringfügige Modifikationen. Der im Schwellerbereich hoch bauende Gitterrahmen verhinderte den Einsatz konventioneller Türen – und sorgte damit für eine der spektakulärsten Türkonstruktionen der Automobilgeschichte.

Die Vorderpartie des Rennwagens präsentierte sich aufgrund aerodynamischer Erfordernisse hingegen weniger gelungen. Der Serien-SL wartete jedoch mit einer nahezu rechteckigen, leicht bauchigen Kühlergrillöffnung auf.

Der vertikal verstrebte Kühlergrill verlieh dem Wagen eine sehr aggressive Optik (in der Serie wich man glücklicherweise davon ab), doch das wohlproportionierte Heck mit seinen schmalen Rückleuchten, der Belüftungsklappe in der Dachhaut und dem großflächigen Kofferraumdeckel fand sich später nahezu unverändert in der Serie wieder. Zwei Reserveräder und ein 170 Liter fassender Kraftstofftank füllten den Kofferraum fast vollständig aus. Der Tankeinfüllstutzen war durch eine Öffnung rechts in der Heckscheibe nach außen gelegt.

Der Renneinsatz auf dem Nürburgring im Jahre 1952 machte bei den dort gefahrenen Wagen mit den Fahrgestellnummern 00006/52, 00007/52 und 00009/52 die Abnahme der Dachkonstruktion samt Flügeltüren notwendig, um die Sicht der Fahrer auf den teilweise sehr engen Kurvenverlauf zu verbessern. In Le Mans jedoch brachte die stromlinienförmige Coupé-Karosserie auf der Mulsanne-Höhe enorme Vorteile mit sich. In Coupé-Form vermochte die ausgiebig in Windkanalversuchen getestete Karosserie, mit einem beeindruckenden Luftwiderstandsbeiwert (cw-Wert) von 0,25 zu glänzen. Türgriffe, Außenrückspiegel und Stoßstangen waren dem Coupé fremd, einziger aerodynamischer Wermutstropfen blieb allerdings die weite Kühlluftöffnung, geschmückt durch einen großen Mercedes-Stern.

Ganz anders als seine Ahnen, verwöhnte der 300 SL mit einem für Rennverhältnisse komfortablen Interieur, einer der Punkte, die in Neubauers Lastenheft – übrigens ein damals noch nicht gebräuchlicher Ausdruck – ganz oben standen. Die leichten Aluminiumsitzschalen, großzügig aufgepolstert und mit Schottenkarostoff bezogen, waren direkt

überflüssige Zierteile. Die Flügeltüren der im Jahre 1952 gebauten, ersten fünf Rennwagen waren sehr klein gehalten und nicht bis in die Karosserieflanken hinabgezogen wie bei den nachfolgenden sechs Rennausführungen und dem späteren Serien-300 SL. Entfernt erinnerte die Karosserieform zwar an den Porsche 356, präsentierte sich aber darüber hinaus ihrem Einsatzzweck entsprechend überaus funtionell.

Das Cockpit der Rennwagen war funktionell, aber nicht unkomfortabel konzipiert. Klar ablesbare Instrumente, gepolsterte, in Schottenkarostoff bezogene Schalensitze sowie gute Innenraumbelüftung sollten über lange Renndistanzen der allzu schnellen Ermüdung von Fahrer und Beifahrer vorbeugen.

auf den Karosserieboden geschraubt. Das sorgfältig ausgelegte Metallarmaturenbrett war lackiert, gekrönt von zwei großen Rundinstrumenten. Direkt im Blickfeld des Fahrers saßen links der Drehzahlmesser, rechts davon der Tachometer. Vier kleine, runde Zusatzinstrumente, paarweise links und rechts der Lenksäule in das Armaturenbrett eingelassen, gaben Auskunft über Kühlwassertemperatur, Kraftstoffstand, Öltemperatur und Öldruck. Auf dem Armaturenbrett mittig angeordnet befand sich ein rechteckiger Rückspiegel, etwas darunter eine Stoppuhr. Am eindrucksvollsten jedoch gab sich das vierspeichige Aluminiumlenkrad mit Holzkranz, angefertigt in der besten handwerklichen Tradition von Mercedes-Benz.

Der Reihensechszylinder, aufgebaut mit gußeisernem Zylinderblock und Aluminiumzylinderkopf, verfügte über ein Bohrung/Hub-Verhältnis von 85,0 zu 88,0 mm, und damit über einen Hubraum von 2996 ccm. Eingesetzt im 300, leistete dieses Aggregat 115 PS/4600 Upm bei einer Verdichtung von 6,4 : 1. Der auf dem Pariser Autosalon des Jahres 1951 vorgestellte 300 S, ausgerüstet mit drei Solex-Fallstromvergasern vom Typ 40 PBJC und verdichtet auf 7,5 : 1, kam hingegen auf eine Motorleistung von 147 PS/5200 Upm. Da diese Leistungswerte für Rennzwecke nicht ausreichend waren, entschied man sich, den Motor einer kompletten Überarbeitung zu unterziehen. Während die Ingenieursabteilung sich dieses Vorhabens annahm, sorgte Neubauer mit der Überlegung, ein wettbewerbsfähiger Rennwagen könne nur aus einer vollkommen neuen Konstruktion, und nicht aus einem Sammelsurium von diversesten in Sindelfingen gerade verfügbaren Teilen heraus entstehen, für erheblichen Wirbel. Neubauers Einschätzung sollte sich jedoch als Trugschluß erweisen.

Leistungssteigernde Maßnahmen erfuhr der 300 SL mittels einer anderen Nockenwelle, optimierten Kanälen und

einer unter Einsatz spezieller Kolben erhöhten Verdichtung von 8,0 : 1. Die Ventile blieben mit 46,7 mm für den Einlaß und 39,8 mm für den Auslaß unverändert. Die Ur-Rennversion mit der Fahrgestellnummer 00001/52 verfügte über eine Naßsumpfschmierung, die bei den nachfolgenden Wagen allerdings auf Trockensumpf umgestellt wurde, was unter Rennbedingungen nicht nur ein Aufwallen des Motoröls unterband, sondern es auch effektiver zu kühlen vermochte.

Im Fahrzeugvorderbau sorgte ein Ölkühler für akzeptable Öltemperaturen, der Öltank selbst befand sich im linken Radkasten, direkt hinter dem Vorderrad. Ein weiteres Problem stellte die Unterbringung des Triebwerks dar, das man aber durch Neigen des Motors um 50 Grad nach links optimal löste.

Der Kofferraum hingegen zeugte von purem Pragmatismus. Die beiden Reserveräder waren unabdingbare Vorsichtsmaßnahme auf Langstrekkenrennen wie der Carrera Panamericana, die Karl Kling 1952 auf einem 300 SL geradewegs gewann.

Eine auf 171 PS leistungsgesteigerte Version des Dreiliter-Reihensechszylinders aus der 300er Limousine sorgte für potenten Vortrieb, wurde zur Unterbringung im recht niedrigen Motorraum jedoch um 50 Grad nach links geneigt.

Anfangs rollten die neuen Rennsportwagen auf Stahlscheibenrädern, die aber schon bald gegen Hybridräder mit Stahlblechschüssel und aufgenieteter Leichtmetallfelge ausgetauscht wurden. Die Bereifung in den Maßen 5.70 × 15 stammte von Continental.

In überarbeiteter Form stellte der Sechszylinder nun eine Leistung von 171 PS bei 5200 Upm zur Verfügung, gepaart mit einem Drehmoment von 25,9 mgk bei 4200 Upm. Im Verlauf der Rennsaison 1952 setzte man diverse leistungssteigernde bzw. leistungsmindernde Modifikationen ein, je nachdem, ob der Renneinsatz eine höhere Geschwindigkeit oder gesteigerte Zuverlässigkeit erforderte. So warteten beispielsweise der für die Carrera Panamericana aufbereitete 3,1-Liter-Motor mit 177 PS, die für den Nürburgring per Kompressor aufgeladene Antriebseinheit mit 230 PS und die auf Dauerleistung getrimmte Le-Mans-Version mit 166 PS auf. Im Wettbewerb erwies sich das Sechszylinderaggregat des 300 SL als potent und zuverlässig, trotz seiner vergleichsweise bescheidenen Herkunft. Nur die Geduld der Mechaniker wurde des öfteren auf eine harte Probe gestellt, wenn es darum ging, die verwendeten Bosch- oder Beru-Zündkerzen auf der nach unten geneigten Seite des Motors zu wechseln. Die Spitzengeschwindigkeiten dieser frühen Coupés lagen um die 240 km/h und damit zwar unter denen eines Jaguar C-Type oder eines Ferrari 250 S, aber immerhin ausreichend für Le Mans, wo sie durch Zuverlässigkeit und einen Benzinverbrauch von etwa 28 l/100 km überzeugten.

Das vollsynchronisierte Vierganggetriebe war hinten am Motorblock angeflanscht und wie folgt übersetzt: 1. Gang 3,33 : 1; 2. Gang 2,12 : 1, 3. Gang 1,45 : 1 und 4. Gang 1 : 1. Die Achsantriebsübersetzung betrug 3,64 : 1. Eine Kardanwelle sorgte für den Kraftschluß zum Hinterachsdifferential, das in diesem Stadium noch nicht über die Differentialsperre von ZF verfügte. Das gegenüber der Standardversion des 300er-Triebwerks erheblich erhöhte Drehmoment erforderte die Integration einer Druckumlaufölpumpe in das ebenfalls vom 300 übernommene gußeiserne Getriebegehäuse.

Insgesamt entstanden 1952 bei Daimler-Benz 10 Fahrzeuge, zu denen sich 1953 noch ein elftes Exemplar gesellte. Dieser unter der Fahrgestellnummer 000011/52 geführte Wagen war der erste 300 SL, in den die Konstrukteure eine Einspritzanlage implantierten. Als Motorcodenummer vergab man „W198“. In dieser Bauform entwickelte das Triebwerk eine Leistung von 225 PS bei 6000 Upm und ein maximales Drehmoment von 29,5 mkg bei 4500 Upm. Zu diesem Zweck hatte man die Verdichtung auf 8,4 : 1 erhöht, die Ventilsteuerzeiten abgeändert und die Zündkerzenpositionen anders arrangiert.

Ein 300 SL früheren Baudatums erhielt nachträglich ebenfalls eine Benzineinspritzanlage. Dieser Wagen mit der Fahrgestellnummer 00007/52 gilt gemeinhin als der Prototyp der späteren Serienversion des Flügeltürers, und befindet sich heute im Besitz von Daimler-Benz. 000011/52 wartete unter anderem auch mit einer in einigen Punkten modifizierten Karosserie auf. Vor allem die Vorderansicht unterzog man einer substantiellen Überarbeitung, wobei die Kühleröffnung jetzt nahezu rechteckig ausgeformt und außen herum mit verchromten Zierleisten eingefaßt war. Zwei weitere Chromleisten führten vom optisch modifizierten Mercedes-Stern zu den Blinkleuchten im Kotflügel. Dramatischer in der Optik hingegen schlugen sich die in den Karosserieseiten knapp vor den Flügeltüren und hinter den Hinterradausschnitten eingelassenen Entlüftungsöffnungen in Parallelogrammform nieder. Aus der rechten Karosserieseite trat unterhalb der vorderen Entlüftung das Auspuffrohr ins Freie.

Interessanterweise rüstete man diesen 1953er Prototyp mit 16-Zoll-Rädern aus, bestückt mit Englebert-Pneus der Maße 8.25 × 16 Zoll – letztendlich hatte Neubauer doch seinen Willen bekommen! Allerdings nicht für sehr lange, denn für die Serie sollten 15zöllige Räder erneut ihren Einstand feiern.

Nach der schon fast als spektakulär zu bezeichnenden Rennsaison des Jahres 1952, die schließlich in Karl Klings Sieg in der Carrera Panamericana gipfelte, wandte Daimler-Benz' Rennabteilung ihr Interesse verstärkt dem Grand Prix-Renngeschehen zu. Das Thema Sportwagen schien zu den Akten gelegt, doch in Nordamerika waren die Erfolge des Flügeltürers nicht unbemerkt geblieben. Als Max Hoffman dem Stuttgarter Unternehmen schließlich eine feste Order über 1000 Serienversionen des 300 SL auf den Tisch legte, schlug er in gleichem Atemzuge ein neues Kapitel auf in der Geschichte eines der faszinierendsten Sportwagen der Nachkriegszeit.

Der 300 SL Flügeltürer

Das Jahr 1953 stand für Daimler-Benz ganz im Zeichen des 300 SL. Fieberhaft bereitete man in Stuttgart eine straßentaugliche Version des 300 SL Rennwagens für die Weltpremiere auf der New York International Motor Show vor, die im Februar 1954 stattfinden sollte. Gemeinsam mit seinem kleinen Bruder, dem 190 SL, sorgte der 300 SL für begeisterte Reaktionen sowohl beim Publikum als auch bei der Presse. Nordamerika wurde als Debütland ausgewählt, da man das Interesse in Europa an einem solch teuren Auto als recht gering einschätzte.

Obgleich der in New York gezeigte Prototyp der späteren Serienversion mehr oder weniger glich, gab es dennoch leichte Unterschiede. So waren die Türöffner in eine leicht ausgeformte Griffmulde eingelassen, um sie besser greifbar zu machen, während der zweite Prototyp über eine Druckknopfentriegelung verfügte – keine dieser Varianten übernahm man jedoch für den Serien-300 SL. Die Flügeltüren des ersten Prototyps wurden jeweils mittig durch eine einzelne Öffnungsstrebe gehalten, die man beim Serienpendant gegen zwei federbelastete Stützen austauschte. Ebenso wichen die Drehflügel in den Scheiben der Flügeltüren später richtigen Dreiecks-Ausstellfenstern, kombiniert mit komplett herausnehmbaren Seitenscheiben. Das für Daimler-Benz eher unübliche Dreispeichen-Federlenkrad der Debütversion sowie das mittig im Armaturenbrett angeordnete Schalter- und Hebelbord entfielen in der Serie schließlich ebenfalls zugunsten optimierter Lösungen.

Die grundlegenden Spezifikationen des Flügeltürers erwiesen sich als so dauerhaft, daß vergleichsweise nur geringfügige Modifikationen im Verlauf der Produktion in die Serie einflossen. In Bezug auf Design und Erscheinungsbild war der 300 SL für damalige Verhältnisse unübertroffen. Er unterschied sich zudem nicht nur merklich von seinen Rennwagenpendants, sondern übertraf sie seltsamerweise auch in punkto Fahrleistungen, Fahrverhalten und Ausrüstung.

Karosserie

Die Urversion des 300 SL aus dem Jahre 1952 war speziell auf den Renneinsatz hin entwickelt und gebaut worden und präsentierte sich dementsprechend in aerodynamischer Effizienz. Die daraus resultierende Optik zeigte sich schlicht und wenig gefällig. Die glattflächigen Karosserieflanken, die einfallslose Vorderansicht sowie der Verzicht auf Zierteile verliehen dem Renn-SL eine in echter deutscher Tradition gehaltene asketische und rein funktionale Optik. Dieser Eindruck wandelte sich jedoch vollständig mit dem Serien-Flügeltürer. Die Stylisten leisteten solch hervorragende Arbeit, daß auf die Serienversion nicht nur Funktionalität und Aerodynamik übertragen werden konnten, sondern gleichzeitig auch ein atemberaubend schönes Automobil entstand.

Komplett aus Stahlblech gefertigt, setzte sich die Karosserie aus etwa 60 aneinandergeschweißten Blechteilen zusammen, an diversen Stellen verstärkt durch kleinere Verbindungsbleche. Im Prinzip zeigte sich die Karosserie vom Aufbau her nicht komplexer als ihre Pendants von Porsche oder Alfa Romeo. Die Frontpartie des Wagens umfaßt groß-

Noch niemals zuvor hatte die Automobilwelt etwas derartiges zu Gesicht bekommen. Das Jahr 1954 stand ganz im Zeichen des 300 SL Flügeltürers. Seit damals gelang es nur dem McLaren F1, ein ähnlich sensationelles Debüt für sich in Anspruch zu nehmen.

Die rundlichen Formen und fließenden Karosserielinien bedeuteten nicht nur ästhetischen Genuß, sondern waren auch das sachliche Ergebnis intensiver Windkanalforschungen. Die Radausschnittwulste, die es bei den Rennwagen des Jahres 1952 ja noch nicht gegeben hatte, teilten den Luftstrom entlang der Karosserieflanken.

flächige Außenkotflügel (mit Ausschnitten für Motorraumentlüftung), Innenkotflügel und Frontmaske (mit Ausschnitten für Scheinwerfer und Blinkleuchten). Unterhalb der Kühleröffnung sorgte ein stehendes Querblech für Stabilität. Die Radausschnittwulste, die an den Rennversionen des Jahres 1952 ja fehlten, waren separat angefertigte Blechteile, die auf die Kotflügel aufgeschweißt wurden. Sie stellten nicht nur bloßes stilistisches Merkmal dar, sondern dienten ebenso der Teilung des seitlichen Luftstroms.

Die vertikal angeordneten Luftleitbleche der Motorraumentlüftung wurden ebenfalls als separate Einheit hergestellt. Unterhalb der Tür saß ein relativ kleinflächiges Rechteckblech, an das unten ein gewölbtes Schwellerblech angeschweißt war, das den gesamten Schwellerbereich zwischen beiden Radausschnitten abdeckte. Das direkt hinter dem Außenschweller sitzende Innenschwellerblech war an beiden Enden gebogen, und stellte die Verbindung zum Bodenblech her. Etwa in der Mitte des Außenschwellers diente ein kleines Rundblech als Abdeckung für die Wagenheberaufnahme.

Der Karosserieunterbau setzte sich aus vier Grundblechen zusammen. Zwei Bodenbleche zu beiden Seiten des Kardantunnels dienten gleichzeitig der Aufnahme der Sitze, während vorn eine robuste Motorspritzwand und hinten ein Stehblech, jeweils mit integrierten Kardantunnelausschnitten, für die vertikale Querverbindung sorgten. Der vordere Windlauf saß direkt angeschweißt zwischen Vorderkotflügeln und A-Säulen und beinhaltete Ausschnitte für die Scheibenwischer-Drehachsen und den Belüftungsgrill. Das Armaturenbrett bestand aus zwei Blechen, einem horizontalen Abschlußblech und einem vertikalen Blech mit Ausschnitten für Instrumente, Schalter und Lenksäule. Das komplex aufgebaute Dach in Form eines Doppel-T setzte sich aus dem vorderen, gewölbten Anschlußblech der Windschutzscheibe, den oberen A-Säulen und einer hinteren Blechstruktur mit Ausschnitten für Innenraumentlüftungen, Seitenscheiben und Heckscheibe zusammen. Ein schmaler Steg diente als Verbindung von vorderer und hinterer Dachpartie.

Das Karosserieheck umfaßte zu beiden Seiten vergleichsweise kleinflächige Außen- und Innenkotflügel. Ein kombiniertes Heckabschluß-/Heckschürzenblech schloß die Verbindung zwischen den Außenkotflügeln, während das Bodenblech des Kofferraums (mit Reserverad und 134 Liter fassendem Benzintank bestückt stellte dieser allerdings ein eher beschränktes Platzangebot zur Verfügung) die Radkästen miteinander verband. Im Heckblech fanden sich zusätzlich Ausschnitte für die Stoßstangenausleger sowie linksseitig für das Auspuffendrohr.

Aus Gewichtsgründen fertigte Daimler-Benz Motorhaube, Kofferraumdeckel und Flügeltüren aus Aluminium. Jedes dieser Teile bestand aus einer Aluminiumaußenhaut, aufgebracht auf einen Aluminiumrahmen. Die vorn angeschlagene Motorhaube verfügte über zwei schmale Längsausbauchungen. Die rechte Ausbauchung war zwingend für die Unterbringung des Ansaugluftsammlers im Motorraum erforderlich gewesen, die linke hingegen hatte man aus Gründen der Symmetrie einfach hinzugefügt. Der am Windlauf angeschlagene Kofferraumdeckel stützte sich in geöff-

netem Zustand über eine linksseitig angeordnete Stahlstrebe ab, während die Motorhaube über eine ebenfalls links montierte verchromte Scharnierstrebe gehalten wurde.

Die wundervoll geschwungenen Flügeltüren präsentierten sich zwar komplett in Aluminium, brachten aber dennoch ein stattliches Gewicht auf die Waage. Jeweils zwei leichtbauende Aluminiumscharniere, befestigt an der Unterseite des schmalen Dachmittelstücks, und zwei federbelastete Teleskopstützen waren die für die Türen notwendigen Halteelemente. Gefertigt aus verchromtem Stahlrohr, verbanden die Teleskopstützen Türoberkante vorn und hinten mit der Dachstruktur. Jede Stütze verfügte über eine Schraubenfeder sowie eine reichliche Fettfüllung zur Vermeidung von etwaig auftretenden Quietschgeräuschen.

Insgesamt zwölf an strategisch ausgeklügelten Punkten an die Karosserie geschweißte Halterungen dienten zur Befestigung am Gitterrahmen. Als Verbindungselemente verwendete man 10-mm-Schraubbolzen, kombiniert mit sich einstellenden Aluminiumunterlegtellern. Zwei der Halterungen befanden sich vorn direkt in der Nähe des Kühlers, zwei unterhalb der Vorderkotflügel, drei verteilt über die Breite des vorderen Windlaufs, zwei direkt hinter den Sitzen unterhalb des Kofferraums sowie drei im Heck ebenfalls unterhalb des Kofferraums.

Außer den regulären Serienfahrzeugen mit Stahlkarosserie entstanden 1955–56 ebenfalls 29 Leichtbauexemplare mit Aluminiumkarosserie. Diese Coupés gingen an Privatiers, vor allem aus Nordamerika, die diese Flügeltürer in den häufigsten Fällen als Rennfahrzeuge einsetzten. Die heute überaus gesuchten Leichtmetall-Coupés verfügten wie ihre Stahlpendants über ebenfalls handgeklopfte Karosserien sowie eine nahezu identische Stabilität. Interessanterweise fertigte Daimler-Benz im Frühjahr 1955 auch ein weiß lackiertes Coupé mit GFK-Karosserie an (Fahrgestellnummer 198 040/5500028), das sich heute im Daimler-Benz-Werksmuseum befindet. Im Gegensatz zum damals gerade aufstrebenden britischen Unternehmen Lotus stellte Daimler-Benz seine Versuche mit dem außergewöhnlichen neuen Material schon nach sehr kurzer Zeit wieder ein.

Fahrgestell

Rudolf Uhlenhauts Idee für einen dreidimensionalen Gitterrohrrahmen hatte ihren Ursprung bereits kurz nach Kriegsende während seiner Zusammenarbeit mit der britischen Armee. In seiner Freizeit entwarf Uhlenhaut einen einsitzigen Rennwagen mit Mittelmotor, basierend auf mechanischen Komponenten aus Volkswagen-Beständen. Da der für das Wolfsburger Werk zuständige britische Offizier Ivan Hurst, seines Zeichens Major der Royal Electrical and Mechanical Engineers, die erforderlichen Teile nicht zur Verfügung stellen konnte, verhinderte er damit gleichzeitig auch eine weiterführende Entwicklung von Uhlenhauts Projekt. Die Vorteile dieses Fahrgestellkonzepts – Leichtigkeit und enorme Verwindungsstabilität – prädestinierten den Gitterrahmen, allerdings in einer weitaus komplexeren Variante, für den Aufbau der 300 SL Rennwagen im Jahre 1952. In dieser Version wog der Gitterrahmen erstaunlich niedrige 50 kg, ein Wert, der in der späteren Serienfertigung mit 82 kg dann allerdings deutlich übertroffen wurde. Dennoch aber galt die Rahmenkonstruktion des 300 SL für damalige Verhältnisse als recht leichtgewichtig.

Zusammengeschweißt aus Dutzenden von Stahlrohren kleinen Durchmessers, ergab sich eine Gitterstruktur aus unzähligen kleineren und größeren Dreiecken. Der Rahmen ließ sich auf Zug- und Druck beanspruchen, nicht jedoch auf Torsion. Die enorme Verwindungssteifigkeit hatte allerdings ihren Preis, denn der komplexe Aufbau machte es unumgänglich, daß an den unmöglichsten Stellen, selbst im Fahrgastraum, Rahmenrohre sichtbar blieben.

Das 300 SL Coupé ist Rennwagenfeeling pur. Sein dynamisches Erscheinungsbild vermittelt den Eindruck endlosen Geschwindigkeitsrauschs, auch wenn er nur für ein Foto posiert. Dieses wunderbare in Feuerwehrrot lackierte Coupé steht auf den optional lieferbaren Chromrädern mit Rudge-Zentralverschlußnaben. Stoßstangenhörner wurden nicht bei allen Exemplaren verbaut.

Sollte dies seine Schokoladenseite sein? Jedenfalls machte und macht diese Frontansicht, damals wie heute, den Blick in den Rückspiegel zu einem erregenden Moment.

Markanteste Merkmale des Gitterrahmens waren die zur Unterbringung der Flügeltüren zwar niedrig gehaltenen, aber immer noch recht mächtigen Seitengitter, die Pyramidenstruktur im Motorraum direkt vor der Querverstebung für Windlauf- und Armaturenbrettbefestigung sowie eine kleinere Pyramide im Bereich hinter den Sitzen. Ein dickeres, in diesen Pyramidenbereich integriertes Querrohr beinhaltete an seinen Enden die Aufnahmepunkte für die Radaufhängungen. Von dieser Querstrebe führten weitere Rohre in das Rahmenheck, wo ein Kreuzfachwerk als abschließendes Element eingesetzt war. Eng von Rohren umschlungen fand hier der Kraftstofftank seinen Platz. Die nach schräg unten in die Frontpartie des Rahmens verlaufenden Rohre der vorderen Pyramide mündeten in einem tief liegenden Querträger, an dem die Aufhängungspunkte der Vorderräder integriert waren. Eine weitere im unteren Rahmenbereich in Höhe der A-Säulen liegende Querstrebe beinhaltete einen Montagepunkt für das Getriebe. Ein gutes Dutzend an die Rahmenrohre angeschweißte Halterungspunkte dienten der Befestigung von Karosserie, Zusatzaggregaten und Motor, wobei dieser in zwei rahmenverschraubten Gummiblöcken schwingungsgedämpft gelagert war. Lackiert wurde das gesamte Rohrgestell in Glanzschwarz.

Karosseriezierteile

Wie jede andere Komponente des Coupés, präsentierten sich auch die Zierteile der Karosserie in superber Ausfertigung und Qualität.

Wiesen die Renn-Coupés noch stromlinienoptimierte Karosserien ohne jedweden Zierat auf, so stattete Daimler-Benz die Flügeltürer vorn und hinten mit schweren verchromten Stahlblechstoßstangen aus. Die vorn drei- und hinten zweigeteilten Stoßstangen wurden über stählerne Haltebügel durch die Karosserie am Rahmen befestigt. Die Stoßstangen weisen an ihrer Innenfläche aufgrund der Handbearbeitung kein glattes Finish auf, sondern teilweise Spuren von Hammerschlägen. Die Stoßstangenhörner, die allerdings nicht an allen Exemplaren verbaut wurden, verfügten anfangs über ein kantiges, ab Frühjahr 1955 dann über ein abgerundeteres „Flossen"-Profil. Die Beleuchtung des rückwärtigen Kennzeichens erfolgte über kleine, links und rechts in den Stoßstangenhörnern oder (bei Fahrzeugen ohne Hörner) in kleinen aufgesetzten Gehäusen untergebrachte Lampen.

Die breite Kühleröffnung in Form eines ausgebauchten Trapezes bildet den Dreh- und Angelpunkt in der Frontansicht des 300 SL. Eingefaßt in einen zweiteiligen Zierrahmen, saß mittig in der Kühleröffnung ein verchromter Trägerzylinder mit sternförmigem Mittelteil. Auf diesem Zylinder befand sich der berühmte Mercedes-Stern, von dem aus horizontale Zierstreben bis auf die Karosserie ausgingen. Bis auf den Zylinder, der in Aluminium gefertigt war, bestanden alle Komponenten aus verchromtem Messing. Ein schwarzer Rautengrill spannte sich im Hintergrund über die gesamte Kühleröffnung. Obwohl nahezu identisch mit den Kühlergrills von 190 SL und 300 SL Roadster, ist der Grill dennoch nicht austauschbar. Einziges übertragbares Element ist die obere Zierrahmenleiste.

Die runden Scheinwerfer aus dem Hause Bosch waren in verchromte Ringe gefaßt, die sich zur Justage der Leuchtweite durch Lösen einer Schraube abnehmen ließen. Entsprechende Justageschrauben fanden sich auf 12 und auf 3 Uhr. Die Blinkleuchten, positioniert unterhalb der Scheinwerfer, ähnelten stark denen des Porsche 356 und wurden für den US-Markt mit klaren, für den europäischen Markt mit bernsteinfarbenen Streugläsern versehen. Die aerodynamisch geformten Leuchten saßen auf einer Chromplatte, die ihrerseits über eine Gummizwischenlage mit der Karosserie verbunden war. Oben auf der Frontmaske, direkt unterhalb

Der Weg aus dem Prototypenstadium führte zu einer Frontoptik (ganz links), die bewußt Reminiszenzen an die Grand Prix-Monoposti des Jahres 1955 wachrufen sollte. War die rechte Motorhaubenwulst zwingend für die Unterbringung des mächtigen Ansaugluftsammlers im Motorraum notwendig, so präsentierte sich die linke Wulst bloß aus Gründen der Symmetrie. Stoßstangenhörner waren nicht an allen Exemplaren zu finden. Die anfängliche kantige Version tauschte man Anfang 1955 gegen diese „Flossen"-Ausführung (links) aus.

des Motorhaubenausschnitts ruhte das traditionelle, emaillierte Mercedes-Emblem, in der Mitte mit Stern, außen mit „Mercedes-Benz"-Schriftzug und Lorbeerzweigen. Ein 16strebiger Grill aus verchromtem Messing deckte die Frischluftöffnung im Windlauf ab, flankiert von zwei schlanken Scheibenwischern aus dem Hause Bosch, deren Arme sich jeweils aus einem Basiselement in rostfreiem Stahl und einem dünnen Ausleger in matt glänzendem Flußstahl zusammensetzten.

Als rein dekorative Elemente fungierten an den Karosserieflanken jeweils zwei horizontal über die seitlichen parallelogrammförmigen Motorraum-Entlüftungen gespannte Chromzierleisten, jeweils eine Schwellerchromleiste sowie linksseitig ein „Mercedes-Benz"-Schriftzug. Die genial konzipierten Türgriffe entsprachen vollkommen den aerodynamischen Anforderungen, da sie bis auf eine Nase am ihrem hinteren Ende bündig in die Türhaut eingelassen waren. Zum Öffnen der Tür ließ ein Druck auf die Nase den Griff herausklappen. Direkt vor den Griffen befanden sich die Türschlösser.

Auch der Kofferraumdeckel gab sich in punkto Zierteilen recht bescheiden. Oberhalb des verchromten „300 SL"-Schriftzugs thronte der unerschütterlich wirkende Stern,

Die seitlichen Entlüftungsöffnungen (oben links) entließen heiße Luft aus dem beengten Motorraum ins Freie. Die Konstruktion der Flügeltüren verbot den Einsatz von konventionellen Kurbelfenstern. Aus diesem Grund ließen sich die Seitenscheiben komplett herausnehmen (oben rechts) und in dafür vorgesehenen Taschen hinter den Sitzen verstauen. Gegen Aufpreis bot Daimler-Benz einen ledernen Koffersatz an (im Hintergrund zu sehen). Die rahmenlosen Dreiecks-Ausstellfenster (rechts) sind bei heißen Sommertagen unabdingbare Voraussetzung für erträgliche Innenraumtemperaturen.

Aerodynamische Effizienz brachte die Konstrukteure dazu, die Türgriffe bündig in die Türhaut einzulassen (rechts). Ein Druck auf die heraussteheпde kleine Nase ließ den Griff zum Öffnen der Tür herausklappen. Die Scheinwerfer von Bosch (ganz rechts) verfügten über hochwertig verchromte Einfassungen. Die Blinker gab es für Europa mit gelben, für die USA mit klaren Gläsern.

Dieser „Mercedes-Benz"-Schriftzug fand sich nur auf der linken Karosserieflanke direkt hinter der Motorraumentlüftung, jedoch niemals rechts.

Die Entlüftungsöffnungen im Dach oberhalb der Heckscheibe (rechts) waren eine überaus elegante Lösung für das nicht unbedeutende Problem der Innenraumventilation. Die rechteckigen Rückleuchten (ganz rechts), aufgeteilt in Brems-/Rücklicht außen und Blinker innen, schmiegten sich mit einer Zwischenlage aus Gummi wunderbar an die Rundungen der Heckpartie.

Ganz dem rennsportlichen Image des Flügeltürers entsprechend, präsentierte sich der auf dem linken Vorderkotflügel montierte Talbot-Spiegel (rechts). Der passende Spiegel für den rechten Kotflügel war gegen Aufpreis erhältlich.

ebenfalls in Chrom. Geöffnet wurde der Deckel über ein Schloß mit verchromtem Fingerhaken. Nicht ganz den rundlichen Formen der Karosserie entsprechend gaben sich die eckigen Schlußleuchten. Ein verchromtes Rahmengehäuse mit Unterteilung für Schluß-/Bremslicht mit rotem Streuglas (jeweils außen) und Blinkerleuchte mit gelbem Streuglas (jeweils innen) war über drei Schrauben und einer Zwischenlage aus Gummi an die Karosserie geschraubt. Unterhalb der Rücklichter, direkt unter der Stoßstange, befand sich zu beiden Seiten ein kleines rechteckiges Katzenauge.

Sämtliche Scheiben des 300 SL besaßen breite Gummidichtungen mit rundum eingelassenen Chromzierleisten. Die ersten 213 Flügeltürer lieferte Daimler-Benz mit Kunststoffkedern zwischen Radausschnittwulsten und Karosserie aus. Spätere Exemplare – ausgenommen die Leichtbau-SL mit Alu-Karosserie – verzichteten jedoch zugunsten einer klareren Linienführung auf diese Keder.

Innenausstattung

Verglichen mit zahlreichen anderen Sportwagen der damaligen Zeit, gab sich das Interieur des 300 SL Coupé ausgesprochen luxuriös und eher in der Tradition eines Grand

Tourers. Im Gegensatz zu Fahrzeugen von den britischen Inseln verzichtete der Flügeltürer auf Walnußfurnier, selbst Lederausstattung war nur gegen Aufpreis erhältlich.

Die guten Halt bietenden Schalensitze waren aufgebaut auf einem Preßstahlschale mit straff gepolsterten Sitzkörpern und Rückenlehnen. Die Federung der Sitzkörper übernahmen längs in einen quadratischen Metallrahmen gespannte Drähte. Obgleich die Sitze auf konventionellen Metallschienen montiert waren und sich wie sonst üblich in Längsrichtung verstellen ließen, verzichteten die Konstrukteure auf eine Neigungsverstellung der recht steilen Rückenlehnen. Als Standardsitzbezug verwendete Daimler-Benz einen Schottenkarostoff, der in dieser Art bereits bei den Rennwagen eingesetzt worden war.

Drei Farbkombinationen bot Daimler-Benz für die Innenausstattung serienmäßig an. Sitze mit blauem Schottenkarostoff erhielten passend dazu blaues Kunstleder (MB-Tex) für die Sitzschalen und Verkleidungspaneele (Türschweller, Türinnenseiten, Fußraumseiten und Fondinnenseiten) sowie grauen Stoff für den Dachhimmel und die Gepäckablage im Fond. Der Fußraum war in blauer Bouclé-Teppichware ausgelegt. Sitze mit rotem Karostoff paarte man mit cremefarbenem MB-Tex für Sitzschalen und Verkleidungspaneele, hellbeigem Stoff für Dachhimmel und Gepäckablage sowie cremefarbenen Bouclé-Teppichen. Dritte Variante im Bunde war grüner Karostoff für die Sitze, grüner MB-Tex für Sitzschalen und Verkleidungspaneele,

grüngrauer Stoff für Himmel und Ablage sowie grüner Bouclé-Teppich.

Zusätzlich zu diesen Standardausführungen standen gegen Aufpreis auch verschiedene Lackfarben mit darauf abgestimmten Interieurkombinationen auf der Ausstattungsliste. Die Verkleidungspaneele der Türschweller wurden von Schrauben mit Kesselunterlegscheiben gehalten,

Gegen Aufpreis bot Daimler-Benz auch eine Lederausstattung (oben) an. Diesen Luxus ließen sich die meisten Flügeltürer-Kunden nicht entgehen. Das vierspeichige Holzlenkrad ist ein zeitgenössisches Accessoire; serienmäßig war ein elfenbeinfarbenes Kunststofflenkrad verbaut. Serienausstattung war auch der Schottenkarostoff für die Sitzbezüge (links), kombiniert mit MB-Tex-Kunstleder für die Sitzschalen und Verkleidungspaneele. Diese weniger luxuriöse Variante stand allerdings nur selten auf der Wunschliste der SL-Kunden.

Der Einstieg in einen Flügeltürer erforderte akrobatisches Talent, das überaus komfortable Interieur jedoch entschädigte für jegliche körperliche Anstrengung. Das optional lieferbare Radio kam mit zwei Lautprechersystemen, die in die unteren B-Säulen eingelassen wurden, abgedeckt durch Chromgitter in „Pfefferstreuer"-Optik. Der Griff für die Türentriegelung samt davor angebrachtem Schließknebel (unten links) waren so liebevoll und individuell gestaltet wie auch alle übrigen Komponenten des Flügeltürers. Die Flügeltüren fertigte man komplett aus Alumimium, was sie aber nicht unbedingt zu leichtgewichtigen Exemplaren ihrer Gattung machte. Jeweils zwei federbelastete Teleskopstützen (Mitte rechts) hielten daher die Türen in geöffnetem Zustand. Gepolsterte Sonnenblenden (unten rechts) waren serienmäßig.

beide ausgeführt in Chrom. Die Fußräume waren ausgelegt mit 4 mm dicken, mattschwarzen Gummimatten, die zur Verstärkung querverrippt waren. Schrauben mit Linsenköpfen sicherten die Matten am Fahrzeugboden gegen Verrutschen. Die recht geräumige Ablage hinter den Sitzen konnte durchaus auch großvolumigere Gepäckstücke verkraften. Gegen Aufpreis bot Daimler-Benz sogar einen entsprechend angepaßten Lederkoffersatz an, der mittels zweier Lederriemen, befestigt am Chrombügel unterhalb der Heckscheibe und an Laschen hinter den Sitzen, festgeschnallt werden konnte. Links unter der Gepäckablage befand sich die von Bosch zugelieferte 12-Volt-Batterie. Fahrer und Beifahrer stand jeweils eine am Dach angeschlagene, gepolsterte Sonnenblende zur Verfügung. Zwischen den Blenden befand sich die Innenraumleuchte, die durch einen Wippschalter zu bedienen war.

Kunstleder oder gegen Aufpreis auch Echtleder spannten sich über den oberen und unteren Teil des Armaturenbretts,

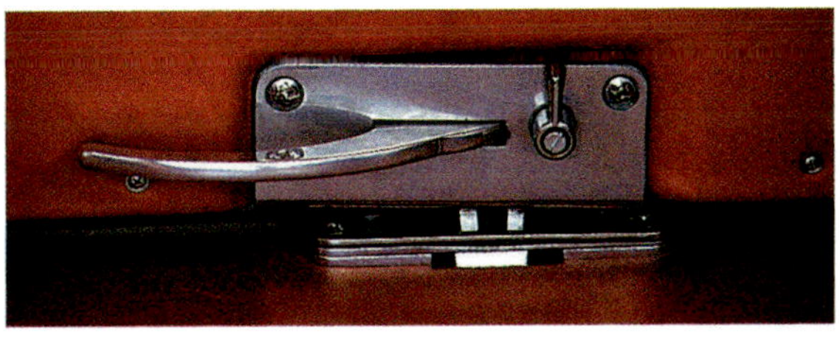

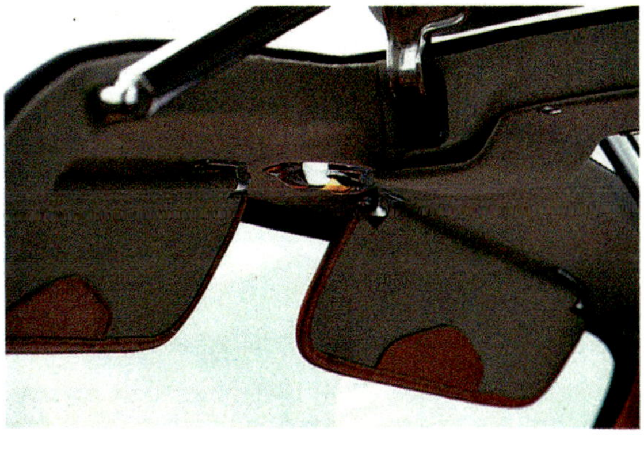

das Instrumentenbord hingegen war in Wagenfarbe lackiert. Sehr spartanisch, ganz in der Tradition eines Rennwagens, war der Verzicht auf ein Handschuhfach, das optional erhältliche Radio vermochte jedoch manchen Kunden darüber hinwegzutrösten. Zur Radio-Ausrüstung gehörten auch zwei Lautsprechersysteme, die im Türbereich in die B-Säulen eingebaut wurden, auffällig abgedeckt von verchromten „Pfefferstreuer"-Blenden.

Aus verständlichen Gründen mußte der Flügeltürer auf Kurbelfenster verzichten. Die verchromten Innentürgriffe befanden sich direkt unterhalb der Trennstrebe zwischen Ausstellfenster und Seitenscheibe. Die Türentriegelung bestand aus einem mittig an der Türunterkante montierten Beschlag, aus dem ein flacher, hakenförmig gebogener Aluminiumgriff nach hinten zeigend herausragte. Die Verriegelung des Schlosses erfolgte über einen kleinen Drehknebel davor. Der entprechende Fangbeschlag des Türschlosses war auf den Schweller geschraubt. Zusätzlich zu den rahmenlosen Dreiecks-Ausstellfenstern ließen sich zugunsten einer verbesserten Innenraumventilation die Seitenscheiben komplett herausnehmen und in speziellen Taschen hinter den Sitzen verstauen.

Instrumente & Bedienungselemente

Der Einstieg in einen 300SL Flügeltürer zählt uneingeschränkt zu den eindrucksvollsten und emotionalsten Erlebnissen, die man mit einem Automobil verbinden kann. Jedes Detail des Interieurs beweist Geschmack, Wertigkeit und Funktionalität.

Die Fahrerposition ist im Gegensatz zum späteren Roadster nur bedingt auf die verschiedenen Körpergrößen und -formen ausgelegt, doch niemand würde sich einer Probefahrt in einem solch aufregenden Fahrzeug erwehren, nur weil es an Kopffreiheit mangelt oder das Lenkrad eher einem Omnibus zur Ehre gereichen würde. Sämtliche 1400 Flügeltürer lieferte Daimler-Benz mit Linkssteuerung aus, wobei das eine oder andere Exemplar in den Händen seines Besitzers nachträglich auf Rechtssteuerung umgerüstet wurde.

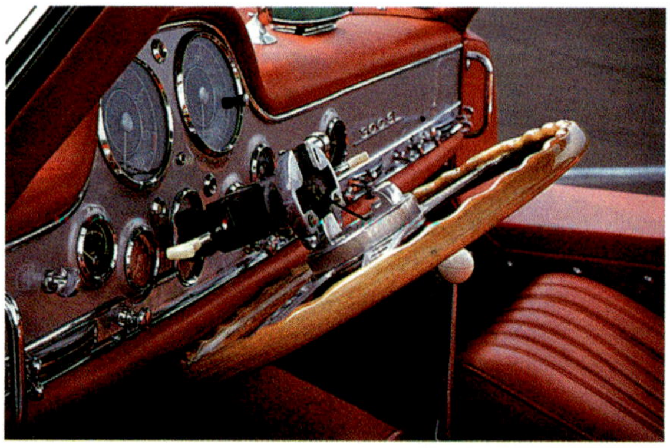

Das in Wagenfarbe lackierte Instrumentenbord des Armaturenbretts – alle Flügeltürer wurden mit Linkslenkung ausgeliefert – ist klar gegliedert und wird von zwei großen Rundinstrumenten direkt im Blickfeld des Fahrers – Drehzahlmesser links und Tachometer rechts – dominiert. Serienmäßig war ein elfenbeinfarbenes Lenkrad mit zwei horizontalen, leicht nach unten weisenden Speichen montiert. Akrobatische Verrenkungen bei der Einstiegsprozedur hielten sich durch die geniale Klappvorrichtung des Lenkrads durchaus noch in Grenzen.

Zu den klar ablesbaren Hauptinstrumenten aus dem Hause VDO gesellten sich vier Zusatzinstrumente, jeweils paarweise links und rechts der Lenksäule angeordnet, hier zu sehen bei abgeklapptem Lenkrad (oben). Fahrzeuge für Europa und andere in Kilometern rechnende Länder bekamen Tachos mit 270 km/h-Skalierung, diejenigen für die USA, Großbritannien etc. eine Skaleneinteilung bis 160 mph. Dem spartanischen Anspruch eines Rennwagens gleich, verzichtete der Flügeltürer bewußt auf ein Handschuhfach (rechts). Oberes Armaturenbrett sowie auch dessen Unterkante waren entsprechend dem übrigen Interieur mit MB-Tex-Kunstleder oder dem optional erhältlichen Leder bezogen. Die Radio/Cassetten-Kombination in der Mittelkonsole ist ein Zubehörteil aus moderneren Tagen.

Der korrekte Einstieg in einen Flügeltürer soll nicht nur der Vollständigkeit halber hier Erwähnung finden. Erst einmal fädelt man (oder frau) das rechte Bein bis ganz rechts in den Fußraum, macht kurzen Zwischenhalt auf dem breiten Schweller, um schließlich in die Sitzschale zu gleiten. Nun erst wird das linke Bein in den Fußraum nachgezogen. Diese würdevolle (hat man/frau sie erst einmal verinnerlicht) Einstiegs- und umgekehrt natürlich auch Ausstiegsprozedur erfordert, vor allem für Frauen in Kleid oder Rock, einen nicht ganz einfachen Lernprozess. Daimler-Benz hatte im Vorfeld der Entwicklung natürlich dieses nicht unbedeutende Problem erkannt, und deshalb das Lenkrad mit einem Klappmechanismus versehen. Ein verchromter Hebel rechts hinter der Nabe ließ das Lenkrad abklappen, und schaffte auf diese Weise akzeptablen Platz für den Einstieg.

Das serienmäßig elfenbeinfarbige Kunststofflenkrad verfügte über zwei in der Horizontale angeordnete Speichen, die aber leicht nach unten abgewinkelt waren, um eine optimale Ablesbarkeit der Instrumente zu gewährleisten. Der zentrale runde Hupenknopf war eingefaßt von einem Chromring, in der Mitte optisch unterstützt von einem ebenfalls verchromten Mercedes-Stern. Die Rückseite des Lenkradkranzes wies aus ergonomischen und sicherheitstechnischen Gründen rundum Fingermulden auf.

Das Armaturenbrett spiegelte sehr schön Daimler-Benz' Philosophie wider, alles so einfach wie nur eben möglich zu gestalten. Das an seiner Stirnfläche silberfarben lackierte und mit einer Chromleiste rundum eingefaßte Armaturenbrett wies im Sichtbereich des Fahrers eine markante Ausbuchtung auf, dominiert von zwei großen Rundinstrumenten aus dem Hause VDO. Der links montierte Tachometer war bis 7000 Upm skaliert, der rote Bereich markiert von 6000 bis 6400 Upm. Die Skalierung des Tachometers reichte hinauf bis 270 km/h (bzw. 160 mph). Oberhalb der Zeigerachse befand sich ein fünfstelliger Kilometerzähler (bzw. Meilenzähler), unterhalb der Achse ein dreistelliger rückstellbarer Tageszähler mit Dezimalstelle. Jeweils paarweise links und rechts der Lenksäule angeordnete Zusatzinstrumente gaben Auskunft über die wichtigen Betriebsfunktionen des Fahrzeugs. Von links waren dies: Kraftstoffanzeige, Öldruck,

Kühlwassertemperatur und Öltemperatur. Zentral im Armaturenbrett informierte eine Uhr mit entsprechender Aufzugskrone über die Uhrzeit, rechts daneben saß ein „300 SL"-Emblem. Sämtliche Instrumente wiesen Chromfassungen sowie schwarze Zifferblätter mit weißer Beschriftung auf. Die jeweiligen Kontrolleuchten für Fernlicht, Zündung und Ladestrom waren verteilt auf die Zwischenräume zwischen Haupt- und Zusatzinstrumenten. Links der Benzinanzeige konnte der Fahrer mittels eines Drehknopfs den Zündzeitpunkt zur Anpassung an unterschiedliche Oktanzahlen des Kraftstoffs vor- oder nachstellen. Rechts der Öldruckanzeige ließ sich über einen Zugschalter das Frischluftgebläse betätigen.

Zu beiden Seiten der Lenksäule befand sich jeweils ein Lenkstockhebel, wobei der linke Hebel für die Fahrtrichtungsanzeige, der rechte Hebel für die Lichthupe zuständig war. Zog der Fahrer den rechten Hebel zu sich heran, blendete er wie gewohnt auf, drückte er ihn hingegen in die andere Richtung, so blendete ein Relais das Fernlicht konstant auf und ab, um etwaige Linksfahrer auf der Autobahn auf den heranfliegenden 300 SL aufmerksam zu machen.

Funktionsschalter und Bedienungshebeleien fanden sich nebeneinander angeordnet auf einem schmalen geprägten Chromblechstreifen entlang der Unterkante des Armaturenbretts. Links der Lenksäule sorgte ein stufenloser Zughebel für die Gemischanreicherung während der Kaltstartphase. Rechts der Lenksäule befanden sich (von links) Regler für die Instrumentenbeleuchtung, Kippschalter für linke und rechte Parkleuchten, vierstufiger Hauptlichtschalter, Zündschloß, Schalter für die zweistufige Scheibenwischanlage, ein zusätzlicher Hupknopf für den Beifahrer, Zigarettenanzünder sowie der vom Beifahrer zu betätigende Schaltknopf für das Frischluftgebläse. Vertikal an beiden A-Säulen in Höhe des Armaturenbretts montierte Chromgriffe dienten den Insassen als Ein- und Ausstieghilfe.

Belüftung und Beheizung des Innenraums erfolgte über drei Pärchen horizontal angeordneter Schieberegler, links für den Fahrer, mittig für beide Insassen und rechts für den Beifahrer. Der obere Hebel der Reglerpaare war zuständig für Heizung und Lüftung des oberen Interieurbereichs, der untere Hebel für den Fußraum, wobei linke bzw. rechte Hebeleien diese Funktionen nur für Fahrer- bzw Beifahrerseite ausübten. Das zentrale Reglerpaar (frühe SL-Exemplare verfügten allerdings nicht darüber) regulierte diese Funktionen für den gesamten Innenraum. Über diese Regler erfolgte auch die Belüftung bzw. Enteisung der Windschutzscheibe. Die Hitzeentwicklung des mächtigen Sechszylinders wurde über eine doppelt ausgeführte Stirnwand abgeschirmt. Frischluft strömte nicht nur über den Windlauf in das Wageninnere, sondern auch über ein Schlauchsystem mit Lufteintrittsöffnung neben dem Kühler.

Mittig auf dem Armaturenbrett thronte ein rechteckiger, verchromter Rückspiegel, rechts flankiert von einem eingelassenen rechteckigen Aschenbecher mit Scharnierdeckel. Unterhalb des Armaturenbretts befanden sich der Betätigungsknopf für die Scheibenwaschanlage sowie der Hebel für die Frischluftklappe im Windlauf. Ganz links, ebenfalls unterhalb des Armaturenbretts saß der Entriegelungshebel für die Motorhaube. Links unter dem Fahrersitz lugte der Handbremshebel hervor, der neben einer Druckknopfentriegelung auch eine Flügelschraube zur Einstellung des Seilzugspiels aufwies.

Die ersten Flügeltürer waren noch über einen Schwanenhals-Schalthebel zu schalten, der im Verlauf des Jahres 1954 (ab Fahrgestellnummer 4500051) allerdings gegen einen kurzen, geraden Schaltküppel ausgetauscht wurde. Der passend zum Lenkrad ebenfalls elfenbeinfarbene gehaltene Schaltknauf verfügte über ein konventionelles H-Schaltschema mit links vorn angeordnetem Rückwärtsgang. Das Schema war eingeprägt und mit schwarzer Farbe ausgelegt.

Die Pedalerie des Flügeltürers präsentierte sich eng zusammenliegend, optimale Voraussetzung natürlich für sportliches „Fersengas". Der gesamte Pedalmechanismus war komplex aus zahlreichen Teilen aufgebaut, jedes Pedal verfügte über eine oberflächenstrukturierte Gummiauflage. Im Gegensatz zum stehend ausgeführten Kupplungspedal funktionierten Brems- und Gaspedal nach dem hängenden Prinzip. Brems- und Kupplungspedalfläche waren leicht trapezförmig ausgebildet, während das Gaspedal die Form eines länglichen Rechtecks aufwies. Links vom Kupplungs-

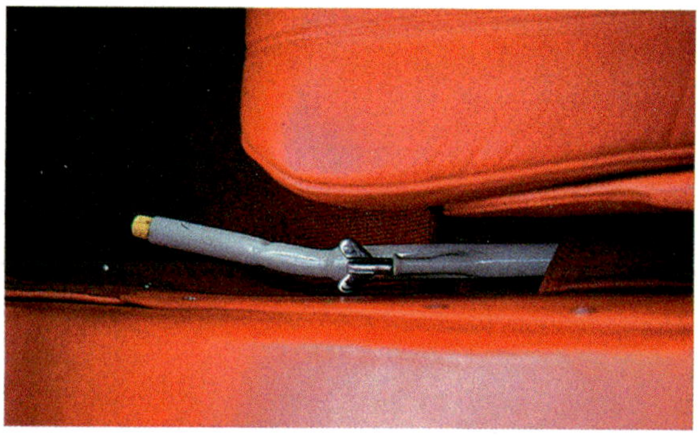

Der rechts des Rückspiegels in das Armaturenbrett eingelassene Aschenbecher (links oben) verfügte über einen Scharnierdeckel. Links unterhalb des Fahrersitzes befand sich der Handbremshebel (links unten), an dem der Fahrer mittels einer integrierten Flügelschraube das Spiel im Bremszug einstellen konnte. Im Gegensatz zum Kupplungspedal waren Brems- und Gaspedal (unten) hängend ausgeführt und lagen nah beieinander, ideal positioniert für sportliche „Fersengas"-Akrobatik. Links des Kupplungspedals ragte der Abblendschalter für das Fernlicht aus der Fußmatte. Serienmäßig waren die Fußräume nicht mit Teppichboden, sondern mit dicken Gummimatten ausgelegt; die teppichschonende Aluminiumplatte wurde nachträglich installiert.

pedal ragte ein Fußschalter aus der Bodenmatte, mit dem das Fahrlicht auf- und abgeblendet werden konnte.

Räder & Reifen

Mitte der fünfziger Jahre hatten sich die deutschen Automobilhersteller zum großen Teil bereits von den klassischen Speichenrädern verabschiedet. Nur noch wenige Marken, darunter in erster Linie Aston Martin in Großbritannien und Ferrari in Italien, favorisierten weiterhin diese Räderart. Daimler-Benz setzte auf Stahlscheibenräder aus Gründen größerer Festigkeit und längerer Lebensdauer, vor allem aber aufgrund der gewährleisteten höheren Sicherheit bei hohen Geschwindigkeiten. Die 5J × 15-Zoll-Räder des 300 SL waren als Fünfloch-Versionen in Hybridbauweise ausgeführt, d. h. eine Leichtmetallfelge war auf eine Stahlblech-Radschüssel aufgenietet. Die Lackierung beider Radteile erfolgte in Wagenfarbe, in den meisten Fällen also Weißgrau. Die bauchigen Radkappen waren ebenfalls in Wagenfarbe lackiert, hatten aber aber am Außenrand eine breite umlaufende Verchromung und in der Mitte einen verchromten Mercedes-Stern. Das Felgenbett wies auf seiner Innenseite, dort wo Felge und Radschüssel zusammengenietet waren, 24 Nietenköpfe auf. Überraschenderweise lackierte man die Innenseite von Radschüssel und Felgenbett in einem sandfarbenen Olivton.

Die serienmäßig verbauten Hybridräder der Größe 5J × 15 mit Fünfloch-Befestigung (rechts) bestanden aus einer Stahlblechschüssel mit aufgenieteter Leichtmetallfelge. Die Radkappen waren in Wagenfarbe lackiert und geschmackvoll durch Chrom aufgewertet. An diesem Flügeltürer ersetzen modernere Radialpneus von Michelin die ursprünglich aufgezogenen Diagonalreifen. Optional bot Daimler-Benz auch Hybridräder mit Rudge-Zentralverschlußnaben an, ganzverchromt oder mit in Wagenfarbe lackiertem Innenteil (ganz rechts oben und Mitte). Das Reserverad (ganz rechts unten) ließ nur wenig Platz für Gepäck. Ebenfalls im Kofferraum befand sich der Einfüllstutzen des Kraftstofftanks.

Alternativ zu den Standardrädern bot Daimler-Benz gegen Aufpreis auch verchromte Räder mit Rudge-Zentralverschlüssen an. Aufgebaut in Hybridtechnik wie die serienmäßigen Räder, wurden sie an speziellen Gewindenaben über eine große verchromte Flügelmutter mit erhabenem Mercedes-Stern in ihrer Mitte befestigt.

Anfänglich überlegte Daimler-Benz, als Bereifung Pneus des Typs Extra Super Sport bzw. Rennreifen aus dem Hause Continental in den Abmessungen 6.50 × 15 Zoll aufzuziehen, entschied sich jedoch für Diagonalreifen der Größe 6.70 × 15 Zoll, zugeliefert von Continental oder dem belgischen Hersteller Englebert. Radialreifen des Typs X von Michelin ergänzten zwar später die Optionsliste, wurden aber gemeinhin als ungeeignet empfunden. Obwohl sie bessere Griffigkeit zeigten, neigten sie dazu, ohne merkliche Vorwarnung auszubrechen. Trieb bei hohen Kurvengeschwindigkeiten schon allein die Zweigelenk-Pendelachse vielen 300 SL-Besitzern kalten Angstschweiß auf die Stirn, so taten aufgezogene Michelin-Radialreifen ihr übriges. Daimler-Benz sah sich gezwungen, bei derart ausgerüsteten Flügeltürern einen Warnaufkleber am Armaturenbrett anzubringen, keinesfalls die 190 km/h-Marke zu überschreiten. Sämtliche Reifentypen wurden mit Schläuchen verbaut. Heute ziehen die meisten Flügeltürer-Besitzer Radialreifen der Größe 185 × 15 Zoll auf, da dieser Typ in seiner Charakteristik am ehesten den ursprünglichen Diagonalreifen entspricht. Reifentypen mit niedrigerem Querschnitt sind nicht empfehlenswert, bringen sie bei hohen Geschwindigkeiten doch erhebliche Unruhe in das Fahrwerk.

Elektrische Anlage

Neben der von Bosch zugelieferten 12 V/56 Ah-Batterie, die ihren Platz links unter der Gepäckraumablage hinter den Sitzen hatte, stammten auch die wichtigsten Elektrikkomponenten wie beispielsweise der stoffummantelte Kabelbaum, der Scheibenwischermotor und die Zusatzkraftstoffpumpe aus dem Hause Bosch. Als Zündverteiler fungierte der Typ VJU R 6 BR 25, korrekt eingestellt mit einem Unterbrecherabstand von 0,28 – 0,38 mm. Die Zündzeitpunktverstellung erfolgte automatisch über Zentrifugalkraft (oder Unterdruck) sowie manuell über einen Drehknopf am Armaturenbrett zum Ausgleich niederoktaniger Benzinqualitäten.

1956 (ab Fahrgestellnummer 65 00045) tauschte Daimler-Benz den bisherigen Zündverteiler gegen den Typ VJ6 BR 58T (ohne Unterdruckverstellung) aus. Der Zündzeitpunkt ließ sich fortan ausschließlich über unterschiedlich eingestellte Federkräfte an den Fliehgewichten variieren. Im Spätjahr 1956 kam bei auf Kundenwunsch mit Sportnockenwelle ausgestatteten Fahrzeugen (ab Fahrgestellnummer 65 00207) ein neuer, diesmal mit zwei Unterbrechern arbeitender Zündverteiler vom Typ ZV/PC5R6R 1 T zum Einbau, ebenfalls von Bosch. Offizielles Archivmaterial deutet zwar darauf hin, daß ab diesem Zeitpunkt sämtliche Flügeltürer mit dem neuen Verteiler ausgerüstet wurden, doch es scheint, als ob dies nicht unbedingt der Fall gewesen ist.

Als Zündspule diente eine TK 12 A 9, als Anlassermotor ein EGD 10/12 AR 5. Von Daimler-Benz empfohlene Zündkerzentypen beschränkten sich auf den Typ W 280 T2 von Bosch und den Typ 280/14/3 Lu von Beru. Korrekter Elektrodenabstand der Kerzen war 0,58 mm. Die Aufgabe der Stromerzeugung übernahm eine Lichtmaschine von Bosch des Typs LG/GJJ 150/12-1600 R 4. Zwei Bosch-Hupenhörner, plaziert im Vorderbau des Wagens, sorgten für durchdringende Warntöne. Der Sicherungskasten mit 12 Einzelsicherungen befand sich im Fahrgastraum rechts hinter dem Armaturenbrett.

Die Doppelfadenlampen für Abblend- und Fernlicht verfügten über eine Leistung von 35/35 W, die Standlichtlampen über 5 W, während die Rücklichter mit 5 W- und die Bremslichter mit 15 W-Lampen bestückt waren. In den vier Blinkerleuchten gelangten 15 W-Lampen zum Einbau.

Die von Bosch zugelieferte Batterie – hier zu sehen statt der ursprünglichen Version mit 56 Ah eine modernere mit 64 Ah – saß auf einem Hilfsrahmen des Fahrgestells links unterhalb der Gepäckablage.

Motor

Das schon damals als Klassiker unter Klassikern geltende Antriebsaggregat des 300 SL stammte ursprünglich aus den

Ihren Wasservorrat bezog die Scheibenwaschanlage aus diesem Glasbehälter rechts hinten im Motorraum. Beim Roadster tauschte man das zerbrechliche Gebilde später gegen einen Plastikbeutel aus.

Direkt vor der doppelt ausgeführten Motorspritzwand ragte die vordere Pyramide des glänzend schwarz lackierten Gitterrohrrahmens in den Motorraum (ganz links). An der Spritzwand befestigt fanden sich jeweils eine Plakette mit Fahrgestellnummer und Lackcodenummer sowie Zündspule, Bremsflüssigkeitsbehälter (mit Schraubdeckel) und Scheibenwischermotor. Direkt hinter dem linken Vorderrad befand sich der Motoröltank der Trockensumpfschmierung (links).

Limousinen des Typs 300, für den neuen Verwendungszweck überarbeitet und in den Rennwagen des Jahres 1952 kontinuierlich weiterentwickelt. Der unter der Baumusterbezeichnung „M 198“ geführte Reihensechszylinder des 300 SL verfügt über ein Bohrung/Hub-Verhältnis von 85,0/88,0 mm und einen daraus resultierenden Hubraum von 2996 ccm. In seiner Urform leistete der Motor 200 PS bei 5600 Upm (Drehmoment 26,5 mgk/4800 Upm), die durch Verwendung einer Sportnockenwelle und einer Verdichtung von 8,55:1 auf 215 PS bei 5800 Upm (Drehmoment 28 mgk/4600 Upm) gesteigert werden konnten. Letztere Version wurde schließlich zur Standardversion erklärt und in den meisten Coupés ausgeliefert. Die Erhöhung der Verdichtung auf 9,5:1, unter Verwendung der gleichen Sportnockenwelle, trieb die Motorleistung ein weiteres Mal in die Höhe, diesmal auf 225 PS bei 5900 Upm (Drehmoment 29,5 mgk/4800 Upm). Der sieben Kurbelwellenlager beheimatende Motorblock war in Grauguß, der Zylinderkopf in Aluminiumguß gefertigt; die Trennfläche zwischen Block und Kopf verlief dabei schräg.

Die obenliegende, gußeiserne Nockenwelle präsentierte sich vierfach gelagert, wobei die zylindrischen, ohne Innenschalen auskommenden Aluminiumlager per Innensechskantschrauben auf den Zylinderkopf aufgeschraubt waren. Angetrieben wurde die Nockenwelle über eine Duplexkette vom vorderen Ende der Kurbelwelle. Auf der Spannseite griff ein Rad in den Kettentrieb, das über eine kurze Welle und schrägverzahnte Zahnräder Ölpumpe und Zündverteiler antrieb. In die nicht gespannte Seite der Duplexkette griff ein an einem Drehausleger gelagertes Rad ein, über das manuell die Kettenspannung zu justieren war.

Zwei Nockenwellenvarianten standen dem Sechszylinder zur Verfügung. Die Seriennocke wies am Auslaßventil einen Hub von 7,8 mm, die Sportnocke einen Hub von 8,4 mm auf, während der Einlaßhub bei beiden Wellen 9,375 mm betrug. Die Ventildurchmesser des nach dem Zweiventilprinzip arbeitenden Zylinderkopfes beliefen sich beim Einlaß auf 46,7 mm und beim Auslaß auf 39,8 mm. Die Ventilsteuerzeiten hingen von der jeweilig verwendeten Nockenwelle ab, im folgenden waren dies:

	Seriennockenwelle	Sportnockenwelle
Einlaß öffnet	11 ° v. OT	20° v. OT
Einlaß schließt	53 ° n. UT	58° n. UT
Auslaß öffnet	36,5° v. UT	56° v. UT
Auslaß schließt	10,5 n. OT	18° n. OT

Die mit vier Ringen versehenen Kolben waren aus leichtem Aluminium geschmiedet und stammten vom Kolbenspezialisten Mahle. Zwei Kompressionsringe und zwei Ölabstreifringe, jeweils einer über und einer unter dem Kolbenbolzenauge, sorgten für eine saubere Verdichtung. Die Kolbenböden waren giebelförmig ausgebildet, so daß die Brennräume zur Hälfte in Kolben und Motorblock lagen (der Zylinderkopf war auf der gesamten Fläche plan). In Stahl geschmiedet, verfügten die Pleuel an ihrem oberen Auge über zwei Bohrungen zur Schmierung der Kolbenbolzen. Die ebenfalls in Stahl geschmiedete Kurbelwelle lief in sieben Hauptlagern, geführt in mittels Paßstiften zentrierten und von jeweils zwei Schrauben gehaltenen Lagerböcken. Die eingelegten Mehrstofflagerschalen setzten sich dabei aus 87 % Bleibronze, 3 % Kupfer und 10 % Zinn zusammen, angereichert mit kleinen Mengen Nickel und Indium. Die Kurbelwelle verfügte über Kurbelwangen und maß an den Hauptlagerzapfen 60 mm sowie an den Pleuelzapfen 52 mm im Durchmesser.

Der Dreiliter-Reihensechszylinder des Flügeltürers war das welterste Serientriebwerk mit Kraftstoffdirekteinspritzung. Ein Hitzeschild aus Aluminiumblech zwischen dem aus Aluminiumguß gefertigten Ansaugluftsammler und den Auspuffkrümmerrohren sorgt im Ansaugtrakt für akzeptablere Temperaturverhältnisse. Um vergrößerter Hitzeentwicklung unter der Motorhaube vorzubeugen, beließ man sämtliche Aluminiumkomponenten, einschließlich des Ventildeckels, in ihrem natureigenen Finish.

Sind erst einmal Luftsammler und Krümmerrohre entfernt, zeigt sich, daß Ein- und Auslaßkanäle auf gleicher Höhe nebeneinander liegen. Die Plakette mit Herstellerbezeichnung und Motornummer befindet sich seitlich oberhalb der riemengetriebenen Lichtmaschine.

Die links am Graugußblock montierte Einspritzpumpe ist nicht nur ein wundervoll gearbeitetes Stück Technik, sondern gleichzeitig auch eine Miniaturausgabe des Sechszylindermotors, den sie mit ihrem kraftspendenden Naß beschickt. Deutlich ist hier die offen laufende, von der Kurbelwelle über einen Zahntrieb angetriebene Welle der Einspritzpumpe zu erkennen. Ganz vorn, links des Ventildeckels, thront der Zündverteiler aus dem Hause Bosch.

Das Antriebsaggregat des 300 SL wirkt schlichter als es in Wahrheit ist (rechts). Ungewöhnlich war die Anordnung der Brennräume in Motorblock und Kolben, die zwangsläufig eine schräge Dichtfläche zwischen planem Zylinderkopf und Zylinderblock notwendig machte. In eingebautem Zustand war der Motor um fast 50 Grad nach links geneigt, keine leichte Aufgabe für den Monteur, wenn es darum ging, die Zündkerzen zu wechseln. Unterhalb des mächtigen Ventildeckels tut eine direkt in Aluminiumböcken laufende, per Duplexkette angetriebene Nockenwelle ihren Dienst. Zu erkennen sind hier ebenfalls die Kipphebel der Ventilsteuerung. Zwei Leistungsvarianten – sieht man einmal von derjenigen mit der ganz frühen Nockenwellenversion ab – wurden angeboten, einmal mit der danach serienmäßig verbauten Sportnockenwelle und einer Verdichtung von 8,55 : 1 und einmal mit der gleichen Sportnocke, aber einer auf 9,5 : 1 erhöhten Verdichtung.

Beeindruckendstes Merkmal im Unterschied zu den Motoren der 300 SL Rennwagen, und vor allem zu allen übrigen Serienmotoren der damaligen Zeit dürfte die Tatsache gewesen sein, daß keine Vergaser verwendet wurden. Statt ihrer verbaute Daimler-Benz eine Kraftstoffdirekteinspritzung von Bosch des Typs PES 6 KL 70/320 R2, die jedoch Anfang 1955 durch eine R3-Anlage ersetzt wurde. Der 300 SL präsentierte sich der staunenden Weltöffentlichkeit als allererstes Serienfahrzeug mit Benzineinspritzung. Sehr komplex in seinem Aufbau, umfaßte das Einspritzsystem zwei Hauptelemente, zum einen die Pumpe selbst, die über Hochdruckleitungen und Einspritzdüsen Kraftstoff in die Brennräume beförderte, und zum anderen den Ansaugluftsammler, von dem aus Luft über Ansaugrohre in die Brennräume geleitet wurde.

Entgegen dem Vergaserprinzip bedeutet die direkte Kraftstoffeinspritzung, daß die Vermischung von Ansaugluft und Benzin erst im Brennraum stattfindet. Großer Vorteil dieser Funktionsweise ist jener, daß genau das für jeden Arbeitstakt erforderliche Kraftstoff-Luft-Gemisch in präziser Menge zur Verfügung gestellt werden kann. Zwei Filter schützten das System vor eindringenden Schmutzpartikeln, zum einen ein Feinsiebfilter von Karco zwischen Förderpumpe (angetrieben von der Einspritzpumpe) und Kraftstofftank sowie zum anderen ein Kraftstoffilter von Bosch zwischen Förderpumpe und Einspritzpumpe. Eine Zusatzkraftstoffpumpe mit einem Förderdruck von etwa 4 bar diente in erster Linie der Vermeidung von Blasenbildung in den Benzinleitungen vom rückwärtigen Benzintank zum Motor. Dies war vor allem bei heißem Wetter, langsamem Fahrtempo oder niedrigem Benzinstand (unter 8 Litern) erforderlich. Betätigt über einen Schalter rechts der Lenksäule, konnte, um jegliche Blasenbildung zu unterbinden, auf diese Weise zu jeder Zeit kühler Kraftstoff an das Einspritzsystem gepumpt werden.

Die wundervoll gearbeitete Einspritzpumpe, unterhalb des um 50 Grad geneigten Motors gelegen, erinnerte an die Miniaturausgabe eines Sechszylindermotors. Der Antrieb erfolgte über drei Stirnräder, wobei ein kleines Rad direkt auf dem Kurbelwellenstumpf saß und über ein Zwischenrad ein drittes Rad antrieb. Die davon abgeführte Zwischenwelle, die übrigens ungekapselt links des Motorblocks lief, drehte die mit einer Aluminiumgußhalterung am Motor befestigte Pumpe mit halber Kurbelwellenzahl. Eine sechsnöckige Exzenterwelle steuerte sechs federbelastete Stößelkolben. Die Förderpumpe erhielt ihren Antrieb dabei von einem dieser sechs Exzenterwellennocken. Erreichte einer der Kolben seinen oberen Totpunkt, so entließ ein ab einem Druck von 30 – 40 bar ansprechendes Ventil den Kraftstoff in die jeweilige Brennkammer. Die erforderliche Benzinmenge wurde dabei durch ein vom Unterdruck im Ansaugtrakt gesteuertes Membran- und Federsystem reguliert.

Rechts vorn im Motorraum plaziert befand sich ein Dämpferfilter von Mann & Hummel, über den der angeflanschte Klappenstutzen Luft in den Ansaugsammler gelangen ließ. Dieser Klappenstutzen steuerte mittels eines Unterdrucksystems die Regelstange der Einspritzpumpe. Die Stellung der Membran im Membran-/Federsystem war vom Druck auf beiden Seiten (Barometerstand gegen Saugrohr) abhängig, und daher durch Druckunterschiede in der Atmosphäre beeinflußbar. Etwaige Schwankungen glich ein Luftdruck-/Temperaturfühler aus, der über einen Hebel auf Membran und Regelstange wirkte, so daß die Einspritzmenge jeweils auf die angesaugte Luftmenge im Brennraum abgestimmt wurde. Befand sich der Motor im Leerlauf, war der Klappenstutzen geschlossen, so daß die benötigte Luft über ein Nebenluftrohr einströmte.

Die exzessive Hitzeentwicklung der Auspuffkrümmerrohre veranlaßte die Konstrukteure, diese unterhalb des Ansaugluftsammlers an den Zylinderkopf anzuflanschen, zusätzlich abgeschirmt durch ein großflächiges Aluminiumhitzeschild. Die beiden Y-förmigen Krümmerrohre mündeten in ein gemeinsames Auspuffrohr, das unterhalb des rechten Fahrzeugbodens bis kurz hinter den Benzintank verlief. Ein zylindrischer, querliegend aufgehängter Schalldämpfer entließ über ein Endrohr links unterhalb der Stoßstange die Auspuffgase ins Freie.

Obgleich die ersten Prototypen des Jahres 1952 Ölwannen aus Aluminiumguß und Naßsumpfschmierung aufwiesen, ging man recht bald auf eine Schmierung nach dem Trockensumpfprinzip über. Große Vorteile dieses Prinzips waren die gleichmäßige Versorgung aller beweglichen Motorteile mit Öl, unabhängig von Quer- oder positiven und negativen Längsbeschleunigungskräften, sowie die verbesserte Kühlung des gesamten Ölvorrats. Eine Druckpumpe und eine Saugpumpe, unterhalb der Druckpumpe in einer zylindrischen Ausformung der Ölwanne untergebracht, beide angetrieben von der Zündverteilerwelle, sorgten für die Zirkulation des Motoröls. Der separate Aluminiumöltank befand sich dabei im linken Radhaus im Bereich hinter dem Vorderrad. Die kleinvolumige, in ihrer Grundfläche rechteckige Ölauffangwanne war direkt an das Kurbelgehäuse geschraubt.

Die Trockensumpfschmierung verfügte über einen Gesamtölvorrat von 18 Litern. Über einen Spülspaltfilter von Knecht pumpte die Druckpumpe Motoröl aus dem Vorratstank in das Triebwerk, aus dem heißes Öl in die Auffangwanne abtropfte, und von der Saugpumpe über den Öl-Luft-Wärmetauscher gekühlt zurück in den Vorratstank gepumpt wurde. Als optimale Öltemperatur gab Daimler-Benz 78 – 90 °C, als Maximalwert 110 °C an.

Eine verbesserte Kühlung des Motorblocks wurde über zu beiden Seiten des Blocks offene Kühlwasserkanäle erreicht, die über Stahlplatten verschlossen waren. Das Fassungsvermögen des Kühlsystems belief sich auf stattliche 15,6 Liter. Konventionell ausgelegt, verfügte das System über einen schwarz lackierten Kühler direkt vor dem Triebwerk, einen Kühlerwasserthermostat mit Kurzschlußleitung und eine Wasserpumpe, die Zylinderkopf und -block mit kühlendem Naß versorgte. Der Öl-Luft-Wärmetauscher befand sich dabei links unten integriert in den Kühler.

Die beeindruckenden Sechszylinderaggregate verließen das Werk mit sämtlichen Aluminiumteilen, einschließlich des mächtigen Ventildeckels und seiner drei grob gerändelten Befestigungsmuttern, in natur belassener Oberfläche sowie schwarz lackiertem Motorblock.

Die maximale Dauerdrehzahl von 6000 Upm sowie kurze Drehzahlspitzen bis zu 6400 Upm machten den 300 SL zum schnellsten Seriensportwagen seiner Zeit. Seine Fahrleistungen lagen schon fast jenseits von Gut und Böse, wobei die Höchstgeschwindigkeit über die Achsantriebsübersetzung variiert werden konnte (siehe Abschnitt „Kraftübertragung"). So schrieb *Auto Motor und Sport* in Heft Nummer 21 des Jahres 1955: „Wenn man nun diesem bei 100 km/st gemächlich im IV. Gang dahinrollenden SL ein wenig die Sporen gibt, dann passiert etwas. Er beschleunigt unaufhaltsam und mit einer unvorstellbaren Kraft, die immer stärker zu werden scheint. Bei 4500 U/min läuft

Sehr schön zu erkennen sind hier die bauchigen Brennräume im Motorblock und die giebelförmigen Kolben (ganz oben). Die Einspritzpumpe von Bosch (oben) ist Präzision pur: Der Kraftstoff wird über eine Förderpumpe eingepumpt und über sechs jeweils für einen Zylinder zuständige Stößelkolben in die Brennräume eingespritzt. Die Regelung der Kraftstoffmenge im Verhältnis zur angesaugten Luftmenge erfolgt über ein komplexes Membran- und Federsystem. Zwei Y-förmige Krümmerrohre (links) münden rechts neben dem Motorblock in ein gemeinsames Auspuffrohr, das rechts entlang des Karosseriebodens nach hinten geführt ist. Ein querliegender Schalldämpfer (unten links) entläßt die Auspuffgase über ein Endrohr links unterhalb der Stoßstange ins Freie.

er 160, und wenn man bei diesem Tempo schnellen Autos voll auf den Kopf tritt, so ist nicht mehr viel zu spüren. Der SL aber fängt jetzt erst richtig an! Aus der bislang verhältnismäßig sehr leisen Maschine wird nun ein ausgesprochen harter, im Ton böser Sportmotor, der auf die 200 km/st (5600 U/min) im Handumdrehen hinaufschießt. Auch jenseits dieser für die Normalfahrer legendären Grenze beschleunigt er noch zügig weiter." In nüchternen Zahlen ausgedrückt bedeutete dies laut damaligem Test für den 300 SL folgende Beschleunigungswerte: 0 - 60 in 4,5 s, 0 - 80 in 7,0 s, 0 - 100 in 9,3 s, 0 - 120 in 12,3 s, 0 - 140 in 14,1 s sowie 0 - 160 in 17,7 s. Der ermittelte Testverbrauch lag bei 16,7 l/100 km.

Kraftübertragung

Die Kraftübertragung des Flügeltürers war abgeleitet von derjenigen der 300er Limousine, mit dem augenfälligsten Unterschied, daß statt des Lenkstockschalthebels nun ein Mittelschalthebel verwendet wurde. Angeflanscht an den Motorblock über vier Schrauben, präsentierte sich das Getriebe in allen vier Vorwärtsgängen zwangssynchronisiert. Der Eingriff der Zahnräder erfolgte über Klauenkupplungen, ihr Einspuren über Synchronkegel. Da die Zahnräder aufgrund der dadurch gesteigerten Festigkeit eine Geradverzahnung aufwiesen, liefen erster, zweiter und dritter Gang recht rauh und geräuschvoll. Das schwarz lackierte Getriebegehäuse war überraschenderweise in Gußeisen gefertigt, die Lagerung am Rahmenquerträger erfolgte in einem gewölbten Gummiblock.

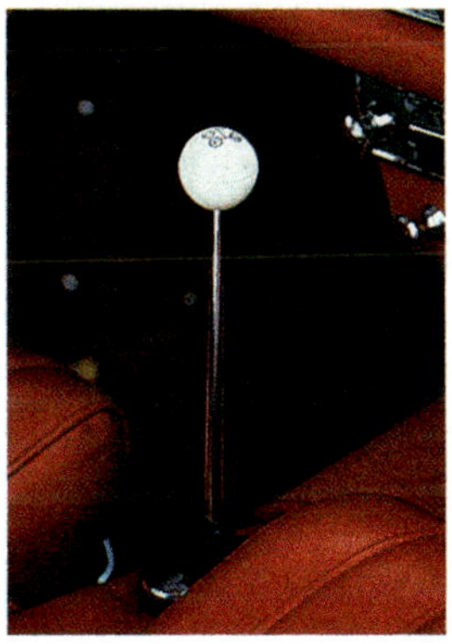

Die ersten 55 Coupés lieferte Daimler-Benz noch mit diesem Schwanenhals-Schalthebel mit pilzförmigem Knauf aus (ganz oben), später erhielten jedoch alle Fahrzeuge diesen geraden kurzen Schaltknüppel mit Kugelknauf (oben). Das Schaltschema in „H"-Anordnung war eingeprägt und schwarz ausgelegt.

Das im Getriebe verwendete Öl war von niedriger Viskosität und erforderte deshalb eine Pumpe, die man direkt vor dem Kardanwellenflansch untergebracht hatte. Die konventionell mit zwei Zahnrädern arbeitende Pumpe förderte dabei Öl durch Getriebeabtriebswelle und Vorgelegewelle, um vor allem bei harten Beschleunigungsvorgängen eine gleichmäßige und ausreichende Schmierung sicherzustellen.

Die ersten 40 ausgelieferten Flügeltürer besaßen folgende Getriebeübersetzungen: 1. Gang 3,14 : 1, 2. Gang 1,85 : 1, 3. Gang 1,31 : 1, 4. Gang 1 : 1, Rückwärtsgang 2,57 : 1. Eine Änderung im Übersetzungsverhältnis zwischen Abtriebswelle und Vorgelegewelle von 1,23 : 1 zu 1,31 : 1 brachte schließlich folgende Werte: 1. Gang 3,34 : 1, 2. Gang 1,97 : 1, 3. Gang 1,39 : 1, 4. Gang 1 : 1, Rückwärtsgang 2,73 : 1.

Serienmäßige Achsantriebsübersetzung war 3,42 : 1, die jedoch ab Coupé Nummer 40 in 3,64 : 1 geändert wurde. Vier Übersetzungsoptionen waren für den Straßeneinsatz – 3,25 : 1, 3,42 : 1, 3,879 : 1 und 4,11 : 1 – und diverse andere für den Renneinsatz lieferbar. Mit der 4,11 : 1-Übersetzung erreichte das Coupé eine Spitzengeschwindigkeit von 208 km/h, mit 3,25 : 1 stattliche 260 km/h.

Als Kupplung setzten die Konstrukteure eine Einscheibenkupplung mit einem Durchmesser von 225 mm aus dem Hause Fichtel & Sachs ein, untergebracht in einem eigenen Aluminiumgehäuse. Die Beläge der Kupplungsscheibe armierte man zur Verstärkung mit Stahlblechringen. Die Kupplungsbetätigung erfolgte über einen Ausrückhebel, gelagert auf der einen Seite am Rohrrahmen und auf der anderen Seite am Kupplungsgehäuse mittels Kugelkopf-Stahlgelenk. Verbunden wurden Kupplungspedal und Ausrückhebel über eine Druckstange, die man ab Fahrgestellnummer 4500048 jedoch gegen eine Zugstange austauschte. Die Druckplatte war bronzebeschichtet, während die Mitnehmerscheibe zur Dämpfung über acht Federn verfügte.

Die verhältnismäßig kurze, offen laufende Kardanwelle war schwarz lackiert und verfügte an beiden Enden über nadelgelagerte Kreuzgelenke. Das in einem Elektrongehäuse untergebrachte Differential ruhte in voluminösen Gummiblöcken, gelagert auf dem in Bodenhöhe geführten, vorderen Querträger, und hing an dem hinteren Querträger der Radaufhängungen. Tellerrad und Ausgleichskegelrad wiesen Hypoidverzahnungen auf. Serienmäßig verbaut war ein eigens konzipiertes Sperrdifferential aus dem Hause ZF. Außergewöhnlich robust ausgeführt, setzte es sich aus zwei über ein Wellen-/Nut-Profil ineinandergreifende Körbe, im Betrieb automatisch über Fliehkraft durch Stahlkeile arretiert, zusammen. Die in schwarz lackierten Achsrohren gekapselten Antriebswellen waren über Zapfenlager im Differentialgehäuse gelagert, und unterschieden sich in zwei Varianten, je nach dem ob die serienmäßigen Fünfloch-Räder oder die optionalen Rudge-Räder verbaut waren. Die Rudge-Antriebswelle verfügte dabei an ihren Enden über ein breites Gewinde mit daran anschließender Längsverzahnung.

In Anbetracht seines Seltenheitswerts und exklusiven Preises überraschte es nicht, daß nur wenige Fachjournalisten in den Genuß einer Flügeltürer-Probefahrt gelangten. Diejenigen, denen dieses Erlebnis vergönnt war, lobten einhellig das leicht und präzise zu schaltende Getriebe, kritisierten jedoch in gleichem Zuge das nur unter erhöhtem Kraftaufwand zu tretende Kupplungspedal. So schrieb John Bolster in seinem Testbericht für *Autosport:* „Faßt man zusammen, so kuppelt die Kupplung direkt, aber nicht hart ein. Das Getriebe ist leichtgängig und weist eine wirkungsvolle Synchronisation auf. Zu viele Sportwagen verzichten auf die Synchronisation des ersten Gangs, der ja genau diejenige Schaltstufe ist, die das am dringendsten benötigt. Die untersetzten Gänge laufen nicht ganz geräuscharm, doch stört ihr Wimmern nicht."

Radaufhängungen

Die Einzelaufhängungen der Vorderräder übernahm der Flügeltürer direkt von der 300er Limousine. Sie bestanden aus geschmiedeten, ungleich langen Trapezlenkern, vertikal montierten Schraubenfedern, darin angeordneten hydraulischen, in Zug- und Druckstufe wirkenden Stoßdämpfern von Bilstein, Fichtel & Sachs oder Stabilus sowie einem konventionellen Querstabilisator.

Die innenliegenden Enden der oberen Querlenker lagerten in vertikal am Gitterrahmen angeschraubten Stahlelementen. Normalerweise hätte man die inneren Lagerpunkte der oberen Querlenker direkt mit dem Fahrgestell verschweißt, doch Ziel dieser ungewöhnlichen Konstruktion war es, den Radaufhängungen ein gewisses Maß an „Spiel" zu gewähren. Durch ein vertikal in den Rahmen eingeschweißtes Rohr wurde ein Bolzen geführt, auf den oben und unten geschmiedete, in das Rohr konisch zulaufende Stahlelemente aufgesteckt und mittels Sechskantmuttern gegen das vertikale Rahmenrohr verschraubt wurden. Um das Rohr nicht über Gebühr zu stauchen, zog man die Muttern dabei nur auf ein bestimmtes Maß fest. Wulstartige Gummiringe übernahmen die „bewegliche" Lagerung der Stahlelemente im Rahmenrohr. Diese hochgradig komplexe Konstruktion diente in erster Linie der Verbesserung der Straßenlage, der Verminderung ungleichen Reifenverschleißes sowie der zusätzlichen Abdämpfung von Fahrbahnunebenheiten. Jeder der vier inneren Querlenker-Lagerbolzen

verfügte jeweils über zwei Schmiernippel. Die äußeren Enden der Trapezlenker lagerten in einem Achsschenkel, verschraubt mit Bolzen und Sechskantmuttern. Der Sturz der Vorderräder betrug 0° - 1° (ideal 0° 20′ - 0°40′), die Vorspur, normal belastet, 2 bis 4 mm und der Nachlauf, ebenfalls normal belastet, 4° 45′ - 5° 45′.

Die Hinterradaufhängung des Flügeltürers mittels Schraubenfedern, Teleskopstoßdämpfern und Zweigelenk-Pendelschwingachse erwies sich als der Schwachpunkt des schwäbischen Sportwagens schlechthin, und stieß international auf herbe Kritik. Da die Achsrohre gleich lang waren und beim Einfedervorgang eine nahezu vertikale Bewegung beschrieben, lag ihr Drehpunkt genau in der Achse der Kreuzgelenke der Antriebswellen. Geschützt gegen übermäßige Vibrationen und hohe Drehmomente, war das am Gitterrahmen angeschraubte Differential in dicken Silentblöcken gelagert. Im Differentialgehäuse selbst erlaubte ein Kreuzgelenk den Pendelachsen voneinander unabhängige Bewegungsvorgänge, unterstützt durch ein Verschiebegelenk als Längenausgleich. Trotz der Tendenz dieses Achsenprinzips, bei schnell oder scharf gefahrenen Kurven sich aufzustellen und den Wagen übersteuern zu lassen, wählte Uhlenhaut diese Konstruktion dennoch, weil Erfahrungen vor dem Krieg mit den Grand-Prix-Rennwagen und deren De-Dion-Hinterachsen gezeigt hatten, daß bei harten Beschleunigungsvorgängen diese zum „Trampeln" neigten. Da von der Pendel-Achskonstruktion derartige Reaktionen unbekannt waren, entschied sich Daimler-Benz, dieses Prinzip deshalb in den Rennwagen des Jahres 1952 und im nachfolgenden Serienmodell einzusetzen.

Die Zweigelenk-Pendelachse ähnelte zwar derjenigen der 300er Limousine, verzichtete jedoch aus Gewichtsgründen auf deren Torsionsstäbe. Die Stoßdämpfer waren statt vor nun hinter der Achse montiert. Ein gegen Aufpreis erhältliches Sportpaket beinhaltete straffere Stoßdämpfer und härtere Federn. Kurioserweise hielt Daimler-Benz die Hinterachskonstruktion für ausreichend stabil, um ohne Längslenker oder Schubstreben auskommen zu können, trotz der immensen Kräfte, die bei Beschleunigungs- oder Bremsvorgängen auf die vorhandenen Aufhängungselemente einwirkten. Der Sturz der Hinterräder betrug -3° - -3° 45′.

Lenkung

Die ersten 151 Flügeltürer rüstete Daimler-Benz mit der Rosslenkung aus dem Hause ZF aus, die bereits bei den Modellen 170 und 220 Dienst getan hatte. Sehr rudimentär in ihrer Konstruktion, setzte sie sich aus einer an ihrem Ende bogenverzahnten Hauptwelle, in die ein Rollzahn eingriff, und einer im rechten Winkel dazu angeordneten Nebenwelle zusammen. Traditionelle Spurstangen übertrugen die Lenkbewegungen auf die Räder. Da die Lenksäule nicht in Flucht mit dem Lenkgetriebe stand, übernahm ein Kreuzgelenk den Kraftschluß.

Aufgrund des zu großen Lenkspiels der Rosslenkung wechselte Daimler-Benz 1954 zu einer Kugelumlauflenkung mit zwei Spurstangen und einer Lenkzwischenstange, an der ein Lenkungsstoßdämpfer angriff. Statt der Bogenverzahnung übernahmen zwei Kugelkäfige den Eingriff zwischen der in zwei Bronzebuchsen gelagerten Lenkspindel und der Lenkschnecke. Dieses Prinzip reduzierte zwar das Lenkungsspiel, trübte das Bild jedoch mit einer zu schwammigen Mittelstellung. Spurstangen und Achsschenkel wurden über Kugelgelenke mit konischem Sitz verbunden.

Die Vorderräder (ganz oben) waren konventionell mittels ungleich langen Trapezlenkern, Schraubenfedern und Teleskopstoßdämpfern aufgehängt, wogegen die inneren Befestigungspunkte der Trapezlenker in Gummi gelagert waren, um eine verbesserte Straßenlage und einen verminderten Reifenverschleiß zu erzielen. Größter Kritikpunkt am Flügeltürer – wenn es denn überhaupt welche gab – dürfte wohl die Zweigelenk-Pendelschwingachse der Hinterradaufhängung gewesen sein, die bei scharf und schnell gefahrenen Kurven den Wagen urplötzlich ausbrechen ließ.

Bei gerade stehenden Rädern wies die ZF-Lenkung eine Übersetzung von 1 : 15, die Daimler-Benz-Lenkung eine Übersetzung von 1 : 16,4 auf. Von Anschlag zu Anschlag benötigte das Lenkrad genau zwei Umdrehungen, der Wendekreisdurchmesser betrug 11,5 m.

Bremsen

Ebenso wie Ferrari hing auch Daimler-Benz in punkto Scheibenbremstechnologie den britischen Firmen Dunlop und Jaguar deutlich hinterher. Also hielt man für die Serienproduktion des Flügeltürers weiterhin an den Alfin-Innenbackenbremsen der 1952er Rennwagen fest. Wie dort kamen auch hier gußeiserne Reibflächen zum Einsatz, die in die außen stark querverrippten Aluminiumtrommeln eingeklebt waren. Obgleich die Trommelbremsen des 300 SL kraftvoll verzögerten und aufgrund ihrer Turbokühlung keine Feidungneigung zeigten, überraschten sie SL-Fahrer hin und wieder mit einem oder beiden blockierenden Vorderrädern, das allerdings nur bei Geschwindigkeiten unterhalb von 60 km/h nach mehrfachen starken Bremsungen. Die Bremskraft übertrugen vorn jeweils zwei, von Einkolben-Radbremszylindern hydraulisch betätigte Primärbakken, hinten jeweils Primär- und Sekundärbacken mit Zweikolben-Zylindern.

Als Bremsbeläge waren VG95 von Ferodo aufgeklebt. Vordere und hintere Trommeln maßen im Durchmesser 260 mm, in der Breite 90 mm, gut für eine Bremsfläche von 832 cm^2. Anfänglich taten an allen vier Trommeln Radbremszylinder mit einem Kolbendurchmesser von 29 mm ihren Dienst, die ab dem 41. Coupé an den Hinterrädern allerdings gegen 27-mm-Versionen ausgetauscht wurden.

Zwei Hauptbremszylinder, plaziert vor dem Bremspedal, waren unabhängig voneinander für die Bremsen der vorderen und der hinteren Räder zuständig. Direkt über den Zylindern befand sich der Behälter für die Bremsflüssigkeit. Die mechanische Hebelhandbremse mit Klinkenstange wirkte über Seilzüge auf die Hinterräder, wobei sich das Bremsseilspiel über eine Flügelschraube direkt am Handhebel einstellen ließ. Von Produktionsbeginn an verfügte die Bremsanlage des 300 SL über eine Servounterstützung. Als ebenfalls unrühmliches Kapitel in der SL-Geschichte entpuppte sich das Unterdruckservo von Treadle-Vac, das bei den ersten 353 Flügeltürern zum Einbau gelangte. Dieses System war gut, hatte aber einen nicht unbedeutenden Nachteil: Fiel die Bremshilfe aus, so blieb dem Fahrer nur eine Bremsanlage, mit der sich der Wagen kaum verzögern ließ.

Im Verlauf des Jahres 1955 wechselte Daimler-Benz daher zu einem Ate-Bremshelf vom Typ T50, der dieses Problem glücklicherweise nicht kannte. Das Bremsservo fand sich an einer Halterung am Gitterrahmen, montiert im hinteren Bereich des linken Radhauses. Zahlreiche 300 SL-Besitzer rüsteten aufgrund der bekannt gewordenen Probleme mit dem Treadle-Vac-Servo ihre Fahrzeuge nachträglich auf die Ate-Einheit um.

Daimler-Benz bot für Rennzwecke auch spezielle Bremstrommeln für die Vorderachse an. Über sechs auf der Radauflagefläche angeordnete und mit Hutzen versehene Belüftungsöffnungen wurde das Trommelinnere mit kühlender Luft versorgt.

Diese Trommeln waren allerdings nur für die Verwendung mit Rudge-Zentralverschlußrädern ausgelegt.

Die mächtigen Alfin-Trommelbremsen der 1952er Rennwagen fanden auch weiterhin Verwendung. Die Trommeln waren zwecks verbesserter Kühlung außen mit einer intensiven Querverrippung versehen, der sogenannten Turbokühlung (ganz oben). Hier ist die Nabenversion der optional lieferbaren Rudge-Zentralverschlußräder zu sehen (oben). Vorn wurde jeweils über zwei Primärbacken, hinten jeweils über eine Kombination aus Primär- und Sekundärbacken verzögert, hier zu sehen an einer Hinterradnabe (rechts). Im linken Radhaus vor der Spritzwand war der Bremsservo untergebracht (rechts).

Der 300 SL Roadster

Es kam nicht von ungefähr, daß nach fast dreijähriger Bauzeit die Verkaufszahlen des Flügeltürers zu schwinden begannen. Nicht etwa, weil das Publikum seiner überdrüssig geworden war, sondern weil Daimler-Benz einen Nachfolger angekündigt hatte, ganz in der Tradition des Flügeltürers, aber als Roadster konzipiert. Sicherlich war der „Gullwing", wie ihn seine englischsprachigen Fans getauft hatten, ein atemberaubendes Auto, er war aufregend schnell, schneller sogar als die Konkurrenz, und er ließ geübte Fahrer in den Olymp extremer Fahrfreuden hinaufsteigen. Doch dies alles täuschte nicht über kleine, aber ausgeprägte Schwächen hinweg.

Die außergewöhnlichen Flügeltüren des Coupés waren eine Novität, aber auch fester Bestandteil in der Verwindungssteifigkeit des Gitterrohrrahmens. Im Falle eines Überschlags boten sie den Insassen jedoch kaum die Möglichkeit, sich aus den Fahrzeugtrümmern zu befreien. Zudem hatte das weibliche Geschlecht, durchaus von der organischen Formgebung des Wagens angetan, seine liebe Mühe, wenn es darum ging, sich in Abendgarderobe über die breiten Türschweller zu zwängen. Weiterer Wermutstropfen dürfte in diesem Zusammenhang aber auch der mangelnde Gepäckraum gewesen sein, der einer Reise zu zweit wenig Auswahlmöglichkeiten bezüglich Kleidung und sonstiger Accessoires einräumte. Größter Fehler des Flügeltürers jedoch war seine Hinterachskonstruktion, eine Zweigelenk-Pendelschwingachse, deren hoch liegender Drehpunkt bei hohen Kurvengeschwindigkeiten ein plötzliches Übersteuern und Ausbrechen der Heckpartie provozierte. In den Händen eines Stirling Moss oder des hauptverantwortlichen Entwicklers Rudi Uhlenhaut stellte diese Marotte kein allzu großes Problem dar, in den Händen weniger geübter Fahrer jedoch konnte sich der Flügeltürer zu einer ernstzunehmenden Waffe entwickeln, deren Gefährlichkeit zudem durch etliche spektakuläre Dreher und unerfreuliche Unfälle unter Beweis gestellt wurde.

Daimler-Benz gelang es, mit dem im März 1957 auf dem Genfer Salon präsentierten 300 SL Roadster einen gegenüber dem Coupé in allen wesentlichen Punkten überarbeiteten Wagen vorstellen zu können. Obwohl der Roadster dem berühmten Flügeltürer fast aufs Haar glich, so war er dennoch ein anderes Auto. Der offene SL zeigte sich schwerer und träger, zivilisierter, besser ausgerüstet und nicht ganz so pragmatisch ausgestattet, er gab sich eher als Grand Tourer denn als Sportwagen. Der Flügeltürer brauchte um seinen Platz im Automobilolymp indes nicht zu bangen, verstand sich der Roadster doch eher als eigenständiges und vielseitigeres Auto.

In seinem Testbericht für die Zeitschrift *Autosport* schrieb Gregor Grant über den Roadster: „Als luxuriöser, schneller Tourenwagen übt er eine ungemeine Faszination auf diejenigen Menschen aus, für die die Kosten bei der Anschaffung

Der 300 SL Roadster, vorgestellt auf dem Genfer Salon im März 1957, wies eine verblüffende Ähnlichkeit zu seinem illustren Vorgänger auf, präsentierte sich jedoch als grundlegend überarbeitetes Auto. Neue Scheinwerfereinheiten, konventionell angeschlagene Türen und ein faltbares Stoffverdeck markierten die augenfälligsten Unterschiede.

300 SL

Der Roadster sicherte sich auf Anhieb einen Platz in der Riege der luxuriösen Grand Tourer. Seine ungewöhnlichen Scheinwerfer brachen zwar mit der SL-Tradition, fügten dem Image des Roadsters aber jenes Quentchen Exotik hinzu, das gerade bei der treuen Klientel des Hauses Daimler-Benz hochgeschätzt wurde.

Das Heck rundete im wahrsten Sinne des Wortes das elegant sportliche Erscheinungsbild des Roadsters ab. Kleiner Wermutstropfen am Rande war die bei heruntergeklapptem Stoffverdeck ungünstigere Aerodynamik – aber wer wollte schon in einem solch gediegenen Automobil an die Grenzen der Physik stoßen.

ihrer Wunschautos keine Rolle spielen. Er ist ein Wagen, der nahezu rennsporttaugliche Fahrleistungen aufweist, ohne dabei im normalen Straßenverkehr gleichzeitig Handlichkeit und Fahrbarkeit vermissen zu lassen. Seine optischen Qualitäten widerstehen auch der harschesten Kritik modernen Designs, und er besitzt eine Individualität, die Aufmerksamkeit erzeugt, selbst auf der majestätischen Weite eines Broadway oder der intellektuellen Atmosphäre einer Fifth Avenue."

Karosserie

Der 300 SL Flügeltürer bot in seinem äußerlichen Erscheinungsbild keinerlei Angriffsfläche für Kritik, so daß die Verantwortlichen in Sindelfingen auch keinerlei Anlaß sahen, die grundlegenden Designmerkmale zu verändern. Coupé und Roadster glichen sich in großem Maße, doch es existierten einige wichtige, wenn auch weniger augenfällige Unterschiede in der Karosseriekonstruktion.

Angeboten wurde der Roadster serienmäßig mit einem Stoffverdeck, konnte jedoch auf Wunsch zusätzlich mit einem Hardtop geliefert oder nachgerüstet werden. Die Seitenansicht verrät weitere Details, die im Zuge der Überarbeitung ihren Niederschlag fanden, so die weiter herumgezogene Panoramascheibe, die abschließbare Tankklappe und die bis weit auf das Türblatt gezogenen Chromleisten.

Die Vorderkotflügel wiesen größere Ausschnitte für die neu gestalteten Scheinwerfereinheiten mit integrierten Nebellampen auf, während das Windlaufblech in einem üppigen Bogen stärker zu den A-Säulen gezogen war, um Platz für die verwendete Panoramawindschutzscheibe zu schaffen. Die vorn angeschlagenen, ebenfalls aus Aluminium gefertigten Türen waren horizontal von einer aus dem Vorderkotflügel überlaufenden, eleganten Falz gezeichnet. Der Türschwellerbereich zeigte sich erheblich niedriger und deutlich weniger voluminös, da die Türen merklich tiefer hinabreichten als noch beim Flügeltürer.

Die Heckpartie unterschied sich in drei wesentlichen Punkten. Der linke Heckkotflügel besaß auf seiner oberen Wölbung im Bereich hinter dem Radhaus eine Aussparung für den Tankeinfüllstutzen samt oben angeschlagener, abschließbarer Klappe, so daß zum Benzinfassen ein Öffnen des Kofferraumdeckels entfiel. Weiterhin hatte man das Kofferraumvolumen drastisch durch eine Verkleinerung des Tankfassungsvermögens von 130 auf 100 Liter erhöhen können, was gleichzeitig eine abgesenkte Reserveradposition mit sich brachte. Abschließend modifizierten die Konstrukteure die hintere Quersektion derart, daß problemlos das Verdeck samt Gestänge eingefahren und hinten eine Verdeckschachtabdeckung angeschlagen werden konnte. Ein optional erhältliches Hardtop ließ sich ebenfalls montieren.

Fahrgestell

Der Verzicht auf die Flügelkonstruktion zugunsten konventioneller Türen hätte für Daimler-Benz im Prinzip auch den Wechsel zu einer selbsttragenden Karosseriebauweise, wie sie ja auch beim 190 SL Anwendung fand, bedeuten können, doch man behielt den aus dem Rennsport abgeleiteten Gitterrohrrahmen in modifizierter Form bei.

Keine leichte Aufgabe für die Stuttgarter Konstrukteure, denn einen großen Teil seiner Verwindungssteifigkeit – ein im Motorsport überaus wichtiger Parameter – bezog das Coupé aus den hochbauenden beidseitigen Türschwellersektionen. Da die großflächigeren Roadstertüren vorn anzuschlagen waren, mußten die Mittelstücke im Türenbereich ausgiebig überarbeitet werden. Die Vorderpartie des Rahmens blieb nahezu unverändert, und selbst der dicke Querträger oberhalb der Hinterachse ließ sich in die modifizierte Konstruktion übernehmen. Man schweißte zusätzliche Rohre an strategisch wichtigen Punkten ein, um einen gewissen Teil der verlorenen Torsionsfestigkeit wiederzugewinnen, was sich gegenüber dem Coupé natürlich in einem um etwa 90 kg höheren Fahrzeuggewicht bemerkbar machte. Eine um den Fußraum gezogene wannenförmige Aluminiumblechstirnwand sorgte für zusätzliche Stabilität. Lackiert wurde der gesamte Gitterrahmen weiterhin in Glanzschwarz.

Eine Erhöhung der Spurbreite an der Vorderachse von 1385 auf 1400 mm und an der Hinterachse von 1435 auf 1450 mm verhalf dem Roadster zu einer merklich verbesserten Straßenlage.

Verdeck & Hardtop

Der Roadster wurde von vornherein mit einem Faltverdeck in der Serienausstattung und einem Hardtop in der Sonderausstattung konzipiert.

Das Verdeck war auf einen zusammenfaltbaren Aluminiumrahmen gespannt, der sich (von vorn) aus Dachkappe, Schleppspriegel, Hauptspriegel und Eckspriegel zusammensetzte, am Alurahmen über Spezialschrauben und Unterlegscheiben befestigt. Zwei Spannverschlüsse links und rechts an der Dachkappe dienten dazu, das Verdeck am Windschutzscheibenrahmen zu arretieren, während im Fond der Alurahmen mittels spezieller Halterungen an der Karosserie verschraubt war. Abgedeckt wurde das Verdeck bzw. der Fond über eine am hinteren Windlauf angeschlagene

Stahlblechklappe. Als Verdeckstoff verwendete man eine strapazierfähige, dichtgewobene Mohair-Qualität, erhältlich in verschiedenen Farben (siehe Seite 107). Das Verdeck besaß keinen Himmel und überraschenderweise auch keine Heckscheibe aus Glas, sondern aus PVC. In deutscher Präzision listete das Bedienungshandbuch nicht weniger als 14 verschiedene Punkte für die Verdeckbetätigung auf, Handgriffe, die sich jedoch von einer geübten Person in weniger als zwei Minuten durchführen ließen.

Das gegen Aufpreis lieferbare Hardtop war ebenso einfach an- oder abzubauen, erforderte wegen seines Gewichts und seiner Größe dafür aber zwei Personen. Das Hardtop gehörte sicherlich zu den weniger komplexen Teilen der 300 SL-Modelle, setzte es sich im Prinzip nur aus Außenhaut, gläserner Heckscheibe und perforiertem Vinylhimmel zusammen. Optisch aufgewertet wurde das Hardtop durch Chromzierleisten rund um die Heckscheibe sowie entlang des Seitenscheibenausschnitts und der Dachvorderkante zur Windschutzscheibe hin, wo es mittels zweier Spannverschlüsse ähnlich denen des Verdecks einzuhaken war. Hinten wurde es statt der Verdeckschachtabdeckung an die Scharniere des Windlaufs geschraubt. Eine verkleinerte Ausgabe des „300 SL"-Kofferraumdeckelemblems fand sich außen an jeder der Hardtopsäulen.

Karosseriezierteile

Der Karosseriezierat gab sich im wesentlichen unverändert, mit Ausnahme allerdings der Scheinwerfer, die nun nicht mehr mit runden, sondern mit großflächigen ovalen Streuscheiben ausgeführt waren. Jede der vertikal angeordneten, von Daimler-Benz offiziell als „Lichteinheit" betitelten Lampen beinhaltete neben dem Scheinwerfer auch Parkleuchte, Blinkleuchte und Nebellampe. Eingefaßt wurde die Lichteinheit von einer verchromten Rosette. Dieses Scheinwerferdesign sollte sich später bei zahlreichen anderen Daimler-Benz-Modellen wiederfinden. In die USA exportierte Roadster rüstete man hingegen mit davon abweichenden Lampeneinheiten aus. Die Grundform wurde beibehalten, nur daß sich die Lampeneinheit nun in einen runden Scheinwerfer und eine leicht trapezförmige kombinierte Blink-/Parkleuchte unterteilte. Entsprechend geformt präsentierte sich die Chromeinfassung. Nordamerikanische Roadster wiesen aufgrund dessen in der Vorderansicht eine weitaus größere Ähnlichkeit mit dem Flügeltürer auf als die europäische Variante. Manch einen wird's gefreut haben …

Die Schlußleuchten erschienen denen des Coupés nahezu identisch und schmiegten sich ebenfalls an die Rundungen der Heckkotflügel, nur daß jetzt jeweils ein Katzenauge und eine Rückfahrleuchte zusätzlich im verchromten Rücklichtgehäuse integriert waren. Die Katzenaugen befanden sich dabei innen, gefolgt von den Rückfahrleuchten, Blinkleuchten und ganz außen den Brems-/Rückleuchten.

Die dekorative Chromleiste entlang der Türschweller übernahm man für den Roadster ebenso wie die beiden dünnen, horizontal über die Motorraum-Entlüftungen gespannten Chromleisten, die – ungewöhnlich für Daimler-Benz – zwecks „schnellerer" Optik in unterschiedlicher Länge bis halb auf das Türblatt gezogen waren. Ebenfalls übernommen wurden die genial konzipierten Türgriffe, die diesmal weiter hinten in der Türhaut eingelassen waren und wie zuvor über einen Druck auf die hervorstehende Nase heraussprangen. Das Türschloß befand sich in Flucht genau vor dem Türgriff. Einen „Mercedes-Benz"-Schriftzug suchte

Das hochwertig gearbeitete Faltverdeck (oben) bezog Daimler-Benz mit einem dichtgewebten Mohair-Stoff. Das Verdeck war von einer Person in weniger als zwei Minuten zu öffnen oder zu schließen. Die Stahlblechklappe des Verdeckschachts (links oben) besaß einen verstärkenden Blechrahmen und war an zwei Scharnieren verschraubt. Zwei über ein Gestänge zu betätigende Schnappriegel arretierten die Klappe an den B-Säulen. Die Innenseite des Verdecks (links unten) verfügte über keinen Himmel im herkömmlichen Sinn, sondern über einen strapazierfähigen, direkt mit dem Obermaterial vernähten Stoff. Die Griffe der Spannverschlüsse waren verchromt und ergonomisch günstig geformt. Das optional lieferbare Hardtop (unten), heute ein höchst seltener Anblick, besaß eine gläserne Heckscheibe, einen perforierten Dachhimmel, üppigen Chrombesatz und an beiden Dachsäulen das markante „300 SL"-Emblem.

Auf den ersten Blick scheinen Kühlergrillschmuck von Coupé und Roadster austauschbar, doch nur die obere Rahmenleiste war identisch mit derjenigen des Vorgängers. Den Kühlergrill selbst, beim Coupé noch direkt hinter der Kühleröffnung verspannt, hatte man beim Roadster zurückverlegt vor den Kühler.

Mächtig wirkende verchromte Stoßstangenhörner (unten) saßen auf vorderer und hinterer Stoßstange jeweils mit einer Zwischenlage aus Gummi. In den Innenflächen der beiden hinteren Hörner befanden sich die Kennzeichenleuchten.

Windlaufgrill und Talbot-Spiegel wurden vom Coupé übernommen, der Windlauf selbst mußte zugunsten der Panoramascheibe allerdings weiter herumgezogen werden (Mitte oben). Radausschnittwulste und Motorraum-Entlüftungen (unten) blieben gegenüber dem Flügeltürer unverändert. Mündete das runde Auspuffendrohr des Coupé noch unterhalb der linken Stoßstangenecke ins Freie, so verlegte man den Schalldämpfer des Roadsters unter das rechte Fahrzeugheck, und damit das jetzt als „Fischschwanz" auslaufende Endrohr auf die rechte Seite (ganz unten).

Die Verlegung des Tankeinfüllstutzens in den linken Heckkotflügel unter eine abschließbare Klappe (oben) bedeutete für den Fahrer, zum Tanken nicht mehr den Kofferraumdeckel öffnen zu müssen. Einen erheblichen Platzgewinn im Kofferraum brachte die Verminderung des Tankvolumens und die Tieferlegung des Reserverads. Für das gewonnene Stauvolumen bot Daimler-Benz als Extra einen speziellen Koffersatz an (Mitte unten).

man an beiden Karosserieflanken jedoch vergeblich. Auf dem Kofferraumdeckel fanden sich wie vom Coupé gewohnt der große Mercedes-Stern und darunter der „300 SL"-Schriftzug, während auf der Frontmaske weiterhin das emaillierte „Lorbeer"-Emblem plaziert war.

Die Rahmeneinfassung des Kühlergrills samt Mercedes-Stern und Horizontalstreben waren auch beim Roadster aus verchromtem Messing gefertigt, wobei allerdings nur die obere Rahmenleiste mit derjenigen des Coupés austauschbar war. Die untere Leiste wies an der Stelle, wo sie an die obere Leiste anschloß, ein etwas schmaleres Profil auf. War der Kühlergrill beim Coupé (sowie auch beim 190 SL) noch direkt hinter der Kühleröffnung angeordnet, so hatte man ihn beim Roadster direkt vor den Kühler verlegt. Die Strahlen des Mercedes-Sterns wiesen gegenüber denen des Flügeltürers einen flacheren Dreiecksquerschnitt auf, während der Außenring des Sterns statt eines leicht konkaven nun ein flaches, rechteckiges Profil aufwies.

Die verchromten Stoßstangen waren wie beim Coupé handgearbeitet sowie dreiteilig vorn und zweiteilig hinten ausgeführt. Stoßstangenhörner gab es diesmal bei allen Wagen vorn und hinten serienmäßig, auf die Stoßstangen aufgesetzt mittels einer schützenden Gummizwischenlage.

Sieht man einmal von diversen Automobilen amerikanischer Herkunft ab, besaß der Roadster die wohl mächtigsten und beindruckendsten Stoßstangenhörner der Sportwagengeschichte. In ihrer Form an die Rückenflosse eines Fischs

Die neu gestalteten, von Daimler-Benz offiziell als „Lichteinheiten" betitelten Scheinwerfer des Roadsters beherbergten in der Normalversion unter einer riesigen Streuscheibe Blinker oben, Abblend-/Fernlicht in der Mitte sowie Parkleuchten und Nebellampen unten (ganz links). Die vertikalen Lichteinheiten erwiesen sich als gelungenes Stylingmerkmal, das in zukünftige Modellgenerationen übernommen wurde. US-Exportmodelle rüstete man hingegen mit einer abgeänderten Variante aus (links), die oben über eine Sealed-Beam-Scheinwerfereinheit und unten über eine trapezförmige Leuchte mit den übrigen Funktionen verfügte.

Die wunderbar den Heckrundungen angepaßten Schlußleuchten behielten die Grundform der Coupé-Leuchten bei, zeigten sich jedoch um Katzenaugen und Rückfahrleuchten erweitert. In die USA gelieferte Wagen erhielten solche Zusatzreflektoren (links).

erinnernd, ließ sich über ihre Optik streiten, über ihre Funktionalität jedoch nicht.

Der Roadster war zwar nicht so stromlinienoptimiert wie der Flügeltürer, dennoch spendierten ihm die Konstrukteure einen aerodynamisch günstigen, verchromten Talbot-Rückspiegel, montiert auf dem linken Kotflügel schräg vor der Windschutzscheibe. Gegen Aufpreis war auch für die Beifahrerseite ein Talbot-Spiegel erhältlich. Werksseitig mit einem Radio ausgerüstete Fahrzeuge bekamen eine Teleskopantenne mit auf den Weg, plaziert im vorderen rechten Kotflügel. Es ist jedoch nicht ungewöhnlich, heute diese Antenne im rechten Kotflügel zu finden, blieb es im Falle einer Nachrüstung doch Händlern und Kunden überlassen, wo sie die Antenne montierten.

Ganz in der luxuriösen Konzeption des Roadsters lag auch die großzügige Verwendung von Chromteilen rund um das Cockpit. Breite Chromleisten deckten die Türschächte ab und fanden ihre optische Fortsetzung in einer dritten Chromleiste rund um die Deckpolsterung der Verdeckschachtklappe. Der schwere Rahmen der Windschutzscheibe präsentierte sich ebenfalls verchromt, während in ihre Gummidichtung eine Chromzierleiste eingesetzt war. Komplettiert wurde der Zierat durch ein längsverstrebtes Chromgitter auf der Frischluftöffnung des Windlaufs.

Ästhetisch stand der Roadster ganz in der Tradition modernen europäischen Automobildesigns. Er war elegant, vielleicht ein wenig zurückhaltend, doch auf der anderen Seite bot er genügend Glanz, auch die Geschmäcker der-

Das Cockpit mit seinem wohlgepolsterten Gestühl, seinem innenbeleuchteten Handschuhfach und seinem nahezu verschwenderischen Umgang mit feinem Leder betonten nachhaltig die Grand-Tourer-Qualitäten des 300 SL Roadster (oben). Die im hinteren Bereich vertikal abgesteppte Türverkleidung (rechts) besaß eine fest montierte Armlehne und war optisch aufgewertet mittels zweier horizontal verlaufender Chromleisten. Die hohe Qualität der an den Türen verbauten Bedienungselemente – und nicht nur dort – machten dem Ruf Daimler-Benz' als einer der weltbesten Automobilhersteller alle Ehre.

jenigen Menschen zufriedenzustellen, denen seine Tradition zwar nicht allzuviel bedeutete, die ihn sich aber leisten konnten.

Innenausstattung

Der Roadster qualifizierte sich nicht nur aufgrund seiner technischen Raffinessen für die Kategorie der Grand Tourer, sondern vor allem durch sein luxuriöses Interieur. Hatte Daimler-Benz das Coupé bereits komfortabel und hervorragend verarbeitet um die Gunst der Käuferschaft werben lassen, so vermochte der Roadster dem Ruf eines 300 SL erst recht zu entsprechen. Der Roadster war schlicht und einfach das, was man von einem teuren Auto erwartete. Von sämtlichen Hebeleien bis hin zu den Sonnenblenden präsentierte sich der Roadster „wie aus dem Vollen gearbeitet".

Einladend, robust und überaus komfortabel dürften die passenden Worte gewesen sein, die Sitze des Roadsters zu charakterisieren. Rückenlehnen und Sitzkörper waren mit längs kanneliertem und perforiertem Leder bezogen, das in den Farben Rot, Creme, Natur, Grün, Blau, Schwarz, Grau oder Hellgrau lieferbar war. Ein Testbericht der Zeitschrift *Road & Track* kommentierte: „Die wohlgepolsterten Einzelsitze sind komfortabel, haben aber einen gravierenden Nachteil, ihre hervorragende Seitenführung schränkt die Annäherungsmöglichkeiten zwischen Fahrer und Beifahrerin ein… Als sehr angenehm erweisen sich auch die perforierten Sitzbezüge, die, wohl aufgrund von Daimler-Benz' umfangreicher Rennerfahrung, den Sitzkissen ein gewisses

Maß an Ventilation erlauben und den Fahrer gleichzeitig kühlen. Viele Bezugsmaterialien atmen nicht, so daß ein heißer Tag auch naßgeschwitzte Sitze und Kleidung bedeutet."

In ihrer Konstruktion ähnelten die Sitze denen des Coupés, aufgebaut auf einem metallenen Rahmengestell mit abnehmbaren Sitzkörpern und Rückenlehnen mit hevorragendem Seitenhalt. Im Gegensatz zum Flügeltürer ließen sich die Lehnen der Roadster-Sitze in drei Positionen verstellen. Die Sitzkörper lagerten auf einem eigenen Metallrahmen mit längs gespannten Federn, verfügten aber aus Komfortgründen über zusätzliche vertikale Schraubenfedern. Geführt in konventionellen, am Fahrzeugboden verschraubten Sitzschienen, ließen sich die Sitze in Längsrichtung

Links des abschließbaren Handschuhfachs, verziert mit dem „300 SL"-Emblem, befand sich eine elektrische Uhr von VDO (links). Der in das Armaturenbrett eingelassene Aschenbecher überzeugte mit seinem integrierten Zigarettenanzünder durch Funktionalität (Mitte). Die längs kannelierten Ledersitzbezüge waren zur besseren Durchlüftung der Sitzkörper und -lehnen perforiert (rechts), eine Maßnahme, die sich auch in einer längeren Lebensdauer der Sitzmaterialien niederschlug.

mittels eines Arretierhebels verstellen, der wohl aber eher einem VW Käfer als einem Mercedes zur Ehre gereicht hätte.

Der Fahrzeugboden im Fußraum und im Fond hinter den Sitzen sowie der Kardantunnel waren mit grob gewebtem Teppichboden verkleidet, während Türschwellerbereich und Seitenverkleidungen mit Lederbezügen verwöhnten. Im Auflagebereich der Füße schonten kleine eingesetzte Gummimatten den Teppichboden.

Die in hochwertigem Leder bezogenen Türverkleidungen präsentierten sich nicht ganz so spartanisch wie beim Coupé. Ganz vorn befand sich ein verchromter Türöffner, gefolgt von einem separaten, ebenfalls verchromten Verriegelungshebel und einem fast vertikalen, von zwei Chromkappen gehaltenen Ledergriff. Zwei dünne, polierte Aluminiumzierleisten, eine entlang der Türschachtabdeckung und eine entlang der Türverkleidungsunterkante, rundeten das Bild ab. Beide Türen wurden serienmäßig mit fest montierten Armlehnen ausgestattet.

An dem in Leder bezogenen Oberteil des Windschutzscheibenrahmens hatte man zwei gepolsterte, ebenfalls lederbezogene Sonnenblenden angeschlagen, zwischen denen die Innenraumleuchte angebracht war.

Das Interieur des Roadsters war funktionell, gleichzeitig aber auch schön und außergewöhnlich realisiert. Bewußt verzichtete es auf die besonders bei britischen Automobilbauern so geschätzten Innenraumhölzer und gab sich statt dessen in einer angenehm bunten Mixtur aus Leder, Chrom und lackiertem Metall. Ein Blick in das Interieur genügte, um zu erkennen, daß Daimler-Benz den Roadster gewiß für viele Dinge, sicherlich aber nicht für den harten Einsatz im Rennsport konzipiert hatte.

Instrumente & Bedienungselemente

Das in seiner Optik aus dem Flügeltürer bekannte Armaturenbrett wurde für den ebenfalls nur mit Linkslenkung produzierten Roadster überarbeitet. Armaturenbrettoberfläche und -unterkante waren bezogen wie zuvor auch, nur daß hier serienmäßig in Interieurfarbe gehaltenes Leder verwendet wurde. Das Instrumentenbord war in Wagenfarbe lakkiert, eingefaßt oben mit einer breiten, unten mit einer schmalen Chromleiste.

Die Instrumentenkonsole war voluminöser als beim Coupé und nicht lackiert, sondern lederbezogen. Zwei Hauptinstrumente informierten den Fahrer über Drehzahl (links) sowie Geschwindigkeit und Kilometer- bzw. Meilenstand (rechts), wobei man den roten Bereich des Drehzahlmessers von 6000 bis 6400 Upm entsprechend farblich hervorgehoben hatte und die Skalierung des Tachometers entweder bis 270 km/h oder 160 mph reichte. Ein per Knopf rückstellbarer Tageszähler zählte ebenfalls zur Ausstattung. Neu war ein zwischen den Uhren vertikal angeordnetes Kombiinstrument, das in vier vertikale Einzelanzeigen sowie vier zentrale Kontrolleuchten unterteilt war. Von oben waren dies Kühlwassertemperatur und Tankinhalt zur Linken sowie Öltemperatur und Öldruck zur Rechten sowie Fahrtrichtungsanzeige, Kaltstartanreicherung, Ladestrom und Heizungslüfter in der Mitte. Sämtliche Instrumente wurden von VDO zugeliefert und verfügten über schwarze Zifferblätter bzw. Anzeigen sowie weiße Beschriftung. Unten im Kombiinstrument saß die blaue Kontrolleuchte für das Fernlicht, oben der Regler für die Instrumentenbeleuchtung.

Die Bedienungselemente links der Lenksäule umfaßten horizontale Schieberegler für Heizung/Ventilation sowie Hebel bzw. Schalter für Kaltstart (Choke), Beleuchtung und Parklichter. Rechts der Lenksäule folgten Zündschloß sowie die Bedienungseinheiten für elektrische Zusatzkraftstoffpumpe, zweistufiges Heizungsgebläse, zweistufigen Scheibenwischer und Heizung/Ventilation. Ab 1962 ersetzte Daimler-Benz aus Sicherheitsgründen die metallenen Schiebereglerknöpfe durch entsprechende Knöpfe aus Weichkunststoff. Zum gleichen Zeitpunkt führte man auch eine Lenkschloßvorrichtung ein. Rechts der Bedienungselemente war eine elektrische Uhr in das Bord eingelassen. Das optional erhältliche Radio wurde an einem speziellen Paneel unterhalb des Armaturenbretts installiert.

Direkt vor dem Beifahrer befand sich ein Handschuhfach, ein Luxus, den sich der Flügeltürer nicht zu leisten vermochte. Die abschließbare Klappe trug in ihrer Mitte ein „300 SL"-Emblem. Eine überaus nützliche Leuchte im Handschuhfach zeigte, wie ausgiebig sich die Konstrukteure mit Detailfragen beschäftigt hatten und wie sehr der Roadster dem Grand-Tourer-Image verpflichtet war. Mittig auf dem Armaturenbrett thronte wie gewohnt ein rechteckiger Rückspiegel, rechts flankiert von einem eingelassenen Aschenbecher mit integriertem Zigarettenanzünder.

Das je nach Interieurfarbe elfenbein oder schwarz gehaltene, zweispeichige Kunststofflenkrad glich der Version im Flügeltürer, nur daß jetzt ein zusätzlicher Chromring für die Hupe sowie – nach links oder rechts gedreht – auch für die Fahrtrichtungsanzeige zuständig war. Den zentralen Hupenknopf schmückte wie eh und je der unnachahmliche Mercedes-Stern. Ein links angeordneter Lenkstockhebel diente der

Der Aufbau des Armaturenbretts änderte sich zwar nicht grundlegend, seine Optik jedoch hinterließ einen vollkommen neuen Eindruck. Hauptverantwortlich dafür zeichnete die voluminöse Instrumentenkonsole mit ihrem zentral angeordneten Kombiinstrument, links und rechts flankiert von Drehzahlmesser und Tachometer. Das Lenkrad, das übrigens nicht mehr abklappbar ausgelegt war, erhielt einen verchromten Hupenring, der sich zur Betätigung der Fahrtrichtungsanzeiger entsprechend in beide Richtungen drehen ließ.

Betätigung von Lichthupe und, wenn fester zum Fahrer hin gezogen, ebenfalls der Hupe.

Mittig unterhalb des Armaturenbretts befand sich ein Hebel für die Frischluftventilation der Fußräume, die ihre Luftversorgung über ein von der Kühleröffnung herangeführtes Schlauchsystem sicherstellte. Drei Positionen ließen sich dabei auswählen: geschlossen sowie halb und ganz geöffnet. In der Nähe der Seitenverkleidung diente ein T-förmiger Hebel unterhalb des Armaturenbretts der Entriegelung der Motorhaube. Ein per Fuß zu betätigender Bodenschalter links des Kupplungspedals wurde ab 1959 ergänzt durch einen ähnlichen Schalter für die Scheibenwaschanlage. Der ehemals links am Fahrzeugboden montierte Handbremshebel befand sich jetzt im vorderen Fußraum, links am Kardantunnel. Der Mittelschalthebel des Flügeltürers wurde unverändert übernommen.

Räder & Reifen

Die serienmäßig verbauten Räder mit Fünfloch-Befestigung glichen in ihrer Ausführung denen des Coupés, verfügten jedoch statt über eine Felgenbreite von 5J nun über 5½J. Wahlweise ließen sich die Räder verchromt oder lackiert in Wagenfarbe ordern.

Die Radkappen übernahm man, ebenso die auf Kundenwunsch lieferbaren Rudge-Räder mit zentraler Verschlußmutter. Beim Roadster allerdings kam diesen Spezialrädern weniger eine rennsportliche als vielmehr eine bloß dekorative Aufgabe zu.

Als Bereifung setzte Daimler-Benz auf zwei Reifentypen, beide in den Abmessungen 6.70 × 15: Tourenreifen für normale Beanspruchung und Sportreifen für sportliche Fahrweise und hohe Geschwindigkeiten. Dementsprechend enthielt das Fahrerhandbuch einen Warnhinweis, der gemessen am heutigen Reifenstandard eher seltsam anmutet. Darin wurde ausdrücklich vor Überbeanspruchung der für einen Geschwindigkeitsbereich von maximal 150 – 160 km/h ausgelegten Tourenreifen gewarnt, die bei Geschwindigkeiten von 180 – 190 km/h durchaus innerhalb weniger Minuten zerstört werden konnten.

Roadster-Besitzern, die hohe Geschwindigkeiten liebten, empfahl Daimler-Benz deshalb die Verwendung der höher belastbaren Sportreifen, da diese, laut Handbuch, es dem Fahrer erlaubten, die Fahrleistungen des Wagens bis in seine Grenzbereiche auszuloten.

Elektrische Anlage

Auch beim Roadster kamen die meisten Zusatzaggregate und elektrischen Komponenten aus dem Hause Bosch. Nach wie vor fand sich die 12 V/56 Ah-Batterie unter einer Abdeckung hinter dem Beifahrersitz, während auch die übrige elektrische Anlage im Prinzip vom Coupé übernommen wurde.

Einige wichtige Modifikationen sollen jedoch Erwähnung finden. So wurde der Zündverteiler vom Typ VJ 6 BR 58 T des Coupés durch ein Pendant mit Doppelunterbrecher vom Typ ZV/PCS 6 R 1 T ersetzt.

Die beiden Kontaktpaare saßen dabei in einem Winkel von 180° zueinander, so daß die Verteilerwelle mit drei Steuernocken auskam. Jeder der Unterbrecher versorgte über eine der zwei verbauten Zündspulen jeweils drei Zylinder mit Zündstrom. Den Zündspulentyp TK 12 A 9 des Coupés hatte man für den Roadster durch zwei Spulen des Typs TK 12 A 10 ersetzt. Neben den Zündkerzentypen von Bosch und Beru empfahl Daimler-Benz nun auch Champion NA10.

Für den Renneinsatz hing die Wahl der Zündkerzen vom jeweiligen Renntypus ab. Rennen mit niedrigen Durchschnittsgeschwindigkeiten und ohne lange Geraden, die mit Vollgas zu fahren waren, empfahl das Werk die serienmäßigen Bosch W 260 T 20 oder Champion NA10. Schnelle Rennkurse hingegen erforderten den Einsatz von Bosch W 280 T 20 bzw. auch Champion NA12 in Verbindung mit einem zusätzlich zum normalen Kerzendichtring einzusetzenden Kupfer- oder Aluminiumring.

Werksseitig installierte Radios verfügten über eine Funkentstörung mittels Kondensatoren und Widerständen. Im Falle einer Händlernachrüstung empfahl Daimler-Benz für die Entstörung der einzelnen Zylinder, Widerstandswerte nicht über 15 000 Ohm zu verwenden.

Die verbauten Glühlampen teilten sich in folgende Leistungswerte auf: 15 W für Blinkleuchten, 5 W für Parkleuchten, 35 W für Nebellampen, 5 W für Rückleuchten, 15 W für Bremsleuchten sowie 25 W für die Rückfahrlampen. Unterschiedlich waren nur die Werte für die Scheinwerfer, entsprechend der europäischen und US-Spezifikation. Während die normale Version mit 35/35 W-Zweifadenbirnen ausgerüstet war, verfügten die Sealed-Beam-Einheiten der US-Fahrzeuge über 50/40 W-Varianten.

Motor

Die Antriebseinheit des Roadsters entsprach weitestgehend derjenigen des Flügeltürers. Da aber der offene SL mit einem zusätzlichen Fahrzeuggewicht von etwa 90 kg und ungünstigerer Aerodynamik zu kämpfen hatte, hauchte ihm Daimler-Benz gleich in der Serienversion eine Leistung ein von 225 PS/5900 Upm bei einem maximalen Drehmoment von 29,5 mgk/4800 Upm. Erreicht wurde diese Leistungsspritze über die Verwendung der beim Coupé noch optional erhältlichen Sportnockenwelle in Verbindung mit einer Erhöhung der Verdichtung von 8,55:1 auf 9,5:1. Einher mit diesen Maßnahmen gingen Modifikationen bezüglich Einspritzpumpe (jetzt Bosch PES 6 KL 70/320 R 3), Förderpumpe (jetzt Bosch FP/KLA 22 K 2) und Einspritzdüsen (jetzt Bosch DC 10 A 30 R 6/4). Der Abspritzdruck erhöhte sich dabei auf 40–48 bar.

Gegenüber dem Flügeltürer brachte der Roadster etwa 90 kg Mehrgewicht auf die Waage. Aus diesem Grunde rüstete Daimler-Benz den Roadster gleich zu Produktionsbeginn mit der Sportnokkenwelle des Coupés aus, kombiniert mit einer auf 9,5:1 erhöhten Verdichtung. Abgesehen von geringfügigen Modifikationen der Einspritzanlage und einem gegen Produktionsende eingeführten Motorblock aus Aluminiumguß, änderte sich nicht viel bezüglich des hervorragend konzipierten Reihensechszylinders. Der von VDO zugelieferte Wasserbeutel der Scheibenwaschanlage ersetzte den rudimentären Glasbehälter der Flügeltürer.

Aus Gewichtsgründen verbaute Daimler-Benz einen Kühlerlüfter aus Aluminium. Direkt oberhalb seiner Riemenscheibe ist hier die Kurbelgehäuseentlüftung zu sehen. Tief unten im Motorraum ist die Fahrgestellnummernplakette zu erkennen, aufgenietet auf einen Querträger des Gitterrohrrahmens.

Während seiner Produktionszeit erfuhr der Reihensechszylinder des Roadsters erstaunlich geringfügige Modifikationen. 1960 änderte man den Kühler insoweit ab, daß bei geschlossenem Thermostat der Kühlwasserfluß effektiviert werden konnte. Ab 1962 verbaute man aus Gewichtsgründen statt des Graugußblocks einen Motorblock aus Aluminium, der aus Gründen der Lebensdauer eingepreßte Graugußbuchsen erhielt.

Je nach verwendeter Achsübersetzung lag laut Werksangaben die Spitzengeschwindigkeit zwischen 210 und 240 km/h. H.U. Wieselmann kommentierte die Fahrleistungen des Roadsters in der *Motor-Revue* mit den Worten: „Auch das Gewicht stieg bei dem ziviler gewordenen Fahrzeug an. Ich wog es vollgetankt mit 1420 kg, das zulässige Gesamtgewicht liegt bei 1560 kg – nicht eben wenig für einen zweisitzigen Tourensportwagen. Andererseits ist seine Motorleistung hoch genug, um auch dem vollbeladenen Wagen ein Leistungsgewicht von 7,25 kg/PS zu geben. ... Vom Fahreindruck her ist der 300 SL-Roadster eines der erstaunlichsten Autos, die je in Serie gebaut wurden. Der starke Motor ist so elastisch und geschmeidig, daß man mit ihm im IV. Gang bis auf 700 U/min hinuntergehen und wieder ruckfrei beschleunigen kann – von 20 auf 160 km/st braucht er im direkten Gang 38,5 sec, vom Stand im Durchschalten bis zur gleichen Marke 19,8 sec."

Befand sich der Handbremshebel im Coupé noch links unter dem Fahrersitz, so verlegten ihn die Konstrukteure beim Roadster links an den Kardantunnel. Dem Qualitätsstandard entsprechend fand sich auch hier eine Flügelschraube zum Einstellen des Handbremsseilspiels. Der mit einem Kugelknauf versehene Schalthebel wurde unverändert vom Flügeltürer übernommen.

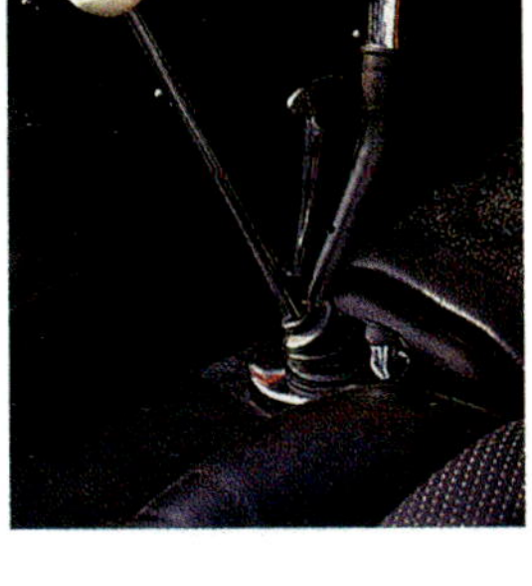

Kraftübertragung

Hatte Daimler-Benz dem Coupé noch ein Getriebe mit geradverzahntem Zahntrieb spendiert und damit für relativ geräuschvolle indirekte Gänge gesorgt, verzichtete man beim Roadster auf diese zwar eine höhere Festigkeit aufweisende, aber laute Zahnform. Ansonsten präsentierte sich das Getriebe unverändert mit Zwangssynchronisation in allen Vorwärtsgängen. Die Achsantriebsübersetzungen unterschieden sich in Fahrzeuge für Europa (3,64 : 1) und Fahrzeuge für Nordamerika (3,89 : 1). Optional erhältlich waren Übersetzungen in den Verhältnissen 4,11 : 1, 3,42 : 1 sowie 3,25 : 1.

Road & Track schrieb zu diesem Thema: „Die Kraftübertragung war so, wie wir es in Erinnerung hatten: direkt und leicht zu schalten mit einem wunderbar zur Hand liegenden Schaltknüppel. Alle vier gut abgestuften Vorwärtsgänge sind synchronisiert, und jeder Schaltvorgang, ob hoch oder runter, ist mit geringstem Kraftaufwand verbunden. ... Normale Fahrzustände oder kraftvolle Beschleunigungen erweisen sich als problemlos, und immer packt die Kupplung fest, aber geschmeidig zu. Zu keiner Zeit ließ sich die Kupplung aus der Ruhe bringen. Selbst nach den Beschleunigungsmessungen übertrug sie die Kraft geschmeidig und direkt."

Radaufhängungen

Übernahm Daimler-Benz vom Coupé die Einzelaufhängungen der Vorderräder, so nahm man von der zuvor heftigst kritisierten Zweigelenk-Pendelachse Abstand, oder besser, man modifizierte sie derart, daß die ihr inhärenten Probleme aus der Welt geschafft werden konnten. Rudolf Uhlenhaut, Leiter der Versuchsabteilung, hätte allerdings auch keine andere Möglichkeit zugelassen. Die „neue" Achse arbeitete jetzt als Eingelenk-Pendelachse mit Längslenkern und genialer, über dem Differentialgehäuse angeordneter Ausgleichsfeder. Diese Achskonstruktion mit ihrem tief liegenden Drehpunkt hatte man zuvor bereits beim Rennwagen mit der Fahrgestellnummer 011 des Jahres 1953 getestet und für zufriedenstellend befunden, aber nie – warum, weiß niemand – in die Konzeption des Flügeltürers einfließen lassen.

Die Eingelenkachse verwendete dabei einen einzigen, unterhalb des Differentials gelegten Drehpunkt, der bei gleichlangen Achsrohren, aber nun längeren schwingenden Hebelarmen geringere Spur- und Sturzänderungen mit sich brachte. Durch das tiefe Rollzentrum ergab sich eine nur geringe Radlastverschiebung auf das kurvenäußere Rad, also eine Verbesserung der Seitenführung.

Die horizontale Ausgleichs-Schraubenfeder ermöglichte bei einseitigem Durchfedern eines Hinterrads eine weichere Federung gegenüber der vollen Federhärte bei gleichzeitigem Durchfedern beider Räder. In schnell gefahrenen Kurven brauchte also niemand mehr das Aufrichtmoment der Hinterachse beim Gaswegnehmen zu fürchten – also genau das, was den Flügeltürer so unberechenbar gemacht hatte.

Die verwendeten Längslenker waren als massiv gußeiserne Schubstreben ausgelegt und parallel zur Kardanwelle angeordnet. Angeschraubt waren sie am Nabenkörper unterhalb der Achsrohre sowie am Gitterrahmen im Bereich vor dem Hinterrad. Schraubenfedern und jetzt vor der Hinterachse plazierte Teleskopstoßdämpfer komplettierten die Hinterradaufhängungen.

Der Roadster vermochte aufgrund dieser genialen Konstruktion mit einem überaus gutmütigen Fahrverhalten aufzuwarten, das zwar zu natürlichem Übersteuern neigte, aber zu jeder Zeit beherrschbar blieb – auch wenn sein Fahrer einmal nicht den Tacho im Blickfeld behielt.

Spezialvorrichtungen und entsprechendes Werkzeug sind erforderlich, um die Radaufhängungen in der ursprünglichen Werksspezifikation zu justieren, deshalb seien hier nur die elementarsten Werte genannt. Bezüglich der Vorderachse sind dies: Sturz 0° – 1° normal belastet (ideal 0° 20′ – 0° 40′), Spreizung 0° 15′ – 2° 40′, Vorspur 0 – 2 mm bzw. 0° – 0° 15′ normal belastet, Nachlauf 4° – 5° normal belastet. Der Sturz der Hinterräder wird für links mit -2° 30′ - -3° 30′ und für rechts mit -3° - -4° (normal belastet) angegeben.

Lenkung

Im Verlauf der Coupé-Produktion hatte Daimler-Benz die ZF-Rosslenkung gegen eine Kugelumlauflenkung aus eigenem Hause ausgetauscht, so daß es keinen Grund gab, an dieser Stelle für den Roadster weitere Modifikationen vorzunehmen. Der einzige Änderungspunkt betraf die Lenkübersetzung, die nun nicht mehr zwei, sondern drei Lenkraddrehungen von Anschlag zu Anschlag erforderte. *Motor-Revue*

Chefkonstrukteur Uhlenhauts favorisierte Zweigelenk-Pendelschwingachse des Flügeltürers mußte sich herbe Kritik gefallen lassen, da diese Konstruktion bei schnell gefahrenen Kurven urplötzlich dazu neigte, das kurvenäußere Rad aufstellen und damit den Wagen ausbrechen zu lassen. Am Roadster setzte Daimler-Benz jedoch die zuvor schon am 300 SL Rennwagen des Jahres 1953 erprobte und anschließend weiterentwickelte Eingelenk-Pendelachse ein. Kombiniert mit einer über dem Differential angeordneten Ausgleichs-Schraubenfeder, brachte der tiefergelegte Drehpunkt eine enorme Verbesserung der Straßenlage. Sehr gut zu erkennen sind hier auch Auspuffrohr, Kraftstofftank, Stoßdämpfer, Kardanwelle und (moderne) 12-V-Batterie.

beschrieb die Lenkung folgendermaßen: „Weil die mit 1:13,8 sehr direkt übersetzte Lenkung des 300 SL von vielen als zu schwergängig empfunden wurde, hat man sie beim Roadster mit 1:16,7 indirekter gemacht, womit sie leichtgängiger, aber eben auch weicher und nicht mehr so positiv und präzis wurde. Ihre Auslegung selbst mit nur geringer erforderlicher Einleitungskraft beim Lenken in eine Kurve und verhältnismäßig großer Haltekraft ist genau das, was man bei einem sportlichen Wagen braucht."

Erst sehr spät folgte Daimler-Benz der Konkurrenz in bezug auf die Scheibenbremstechnologie. 1961, praktisch kurz vor Produktionsende, kam auch der 300 SL Roadster in den Genuß der neuen Bremsentechnik.

Bremsen

Der Roadster übernahm zwar die servounterstützten Alfin-Innenbackenbremsen des Flügeltürers, wechselte ab 1961 dann aber letztendlich doch zu Scheibenbremsen, zugeliefert vom britischen Hersteller Dunlop (ab Fahrgestellnummer 2780). Die nun erzielbare Bremskraft machte den nicht gerade als geringfügig anzusehenden Unterschied zwischen beiden Bremstechnologien mehr als deutlich. Die Bremsscheiben verfügten sowohl vorn als auch hinten über einen Durchmesser von 290 mm und eine Dicke von 12,7 mm. Vorn spendierte man den Scheiben Bremszylinder mit einem Kolbendurchmesser von $2^1/_4$ Zoll (57,15 mm), hinten mit $1^5/_8$ Zoll (41,27 mm). Die Handbremse wirkte dabei per Seilzügen auf die hinteren Bremsscheiben.

Der Bremsservo vom Typ T 50 26 aus dem Hause Ate saß im Schwellerbereich des linken Radhauses, während der Hauptbremszylinder konventionell in Flucht mit dem Bremspedal stand.

Der erst sehr spät vorgenommene Wechsel zu Scheibenbremsen veranlaßte natürlich um so mehr Besitzer von älteren Roadstern, ihre Fahrzeuge mit den neuen Stoppern nachzurüsten.

Wieviele es insgesamt waren, ist nicht zu ermitteln, wurden diese Konversionen doch in den meisten Fällen von Händlern durchgeführt.

Der 190 SL

Der 190 SL stellte die preiswerte und praktische Alternative zum 300 SL Flügeltürer dar. Auch wenn er nicht so druckvoll auftrat wie das Coupé, so bot er zumindest dessen Optik. Angeboten in zwei Varianten, einmal als Roadster mit optionalem Hardtop und einmal als Coupé mit abnehmbarem Hardtop, verfügte der 190 SL über eine Außenhaut aus Stahlblech mit Türen, Motorhaube und Kofferraumdeckel aus Aluminium.

Als Daimler-Benz auf der New York Motor Show des Jahres 1954 in einem Atemzug ein atemberaubendes Flügeltürer-Coupé und einen offenen Roadster präsentierte, war die Sensation perfekt. Wider Erwarten stahl nicht der 300 SL seinem kleineren Bruder, dem 190 SL, die Schau, sondern beide Wagen stießen auf ähnlich euphorische Kritiken. Grund dafür war, daß Daimler-Benz im Schatten des 300 SL unbekümmert und unter großer Geheimhaltung eine offene, wenn auch abgespeckte Variation des Flügeltürers auf die Räder stellen konnte.

Publikum und Presse zeigten sich begeistert, war der „Baby-Benz“ doch als alltagstaugliches und vor allem erschwingliches Auto konzipiert. Vorgesehen für eine Serienproduktion in hoher Stückzahl, erwies sich der 190 SL als überaus cleveres Beispiel für erfolgreiches Marketing. Verglichen mit dem Flügeltürer, der mit 29 000 Mark in den Preislisten geführt wurde, kostete der 190 SL in der Standardversion mit Faltverdeck nur knapp etwas über die Hälfte, akzeptable 16 500 Mark.

Daimler-Benz’ Rennaktivitäten und -erfolge mit den 300 SL Rennwagen verliehen dem Baby-SL zusätzliche Attraktivität. Überzeugendes Vierzylindertriebwerk, ansprechende Roadster-Karosserie, erstklassige Ausstattung und der berühmte Stern im Kühlergrill waren uneingeschränkte Verkaufsgaranten im Werben um Automobilenthusiasten, die sich einen Flügeltürer nicht leisten konnten, und dessen atemverschlagende Fahrleistungen auch nicht unbedingt benötigten.

Der 190 SL teilte sich mit dem 300 SL zwar denselben Radstand, unterschied sich aber in allen anderen Aspekten grundlegend. Motor und Antriebsstrang entnahm man zum größten Teil den vorhandenen Daimler-Benz-Beständen. Als Fahrgestell verwendete man allerdings nicht den leichten Gitterrohrrahmen des 300 SL, sondern setzte auf eine kostengünstigere Karosserie in selbsttragender Bauweise. Basis war Daimler-Benz' erstes Modell mit selbsttragender Karosserie, der Typ 180, auch bekannt als „Ponton-Mercedes", der dem 190 SL auch sonst als Teilefundus diente. Auf diese Weise beabsichtigten die Sindelfinger jene erforderlichen schwarzen Zahlen zu schreiben, die mit dem 300 SL niemals zu erzielen waren.

Der 190 SL ging jedoch erst im Mai 1955 in Produktion, nachdem diverse Modifikationen in die Serienvorbereitung eingeflossen waren. Der in New York vorgestellte Prototyp wies gegenüber der späteren Serienausführung eine unterschiedliche Vorderansicht auf. So lugte die Kühleröffnung ausgeprägter zwischen den Kotflügeln hervor, während die Motorhaube bis an den Kühlergrill gezogen war, markant gekrönt von einer im Querschnitt rechteckigen, flachen Lufthutze. Die hinteren Radausschnitte verzichteten auf die Längssicken, die beim 300 SL ja an allen vier Kotflügeln zu finden waren, während die Karosserieflanken einen prägnanten „Hüftschwung" erhielten. Augenfällig präsentierte sich auch der im Vergleich zur Serie filigraner gehaltene Frontscheibenrahmen. Sämtliche Punkte unterzogen die Konstrukteure für die Serie einer eingehenden Überarbeitung. Die Frontpartie paßte man optisch an diejenige des Flügeltürers an, indem man den Kühlergrill etwas zurückversetzte und seine Form leicht modifizierte. Die Motorhaube zog man nicht mehr bis an den Grill heran, so daß die sich um die Kühleröffnung schmiegende Frontmaske insgesamt für eine glattflächigere und angenehmere Frontoptik sorgte. Die Längsausbauchung der Haube blieb, allerdings verzichtete man vorn auf den Lufteinlaß. Das etwas nackt wirkende Heck bekam ebenfalls Wulste über den Radausschnitten. Die Instrumentenkonsole erfuhr eine Überarbeitung, die sich stark an der Konsole des Flügeltürers anlehnte, während der Schalthebel von der Lenksäule, wo er sich bei 190 SL-Prototyp und 180er Ponton ja befand, in den Kardantunnel verlegt wurde.

Road & Track schrieb in einem Testbericht des Jahres 1955, daß die gegenüber dem Prototypenstadium vorgenommenen Modifikationen den 190 SL zwar „ein wenig teurer und geringfügig schwerer als ursprünglich geplant" gemacht hätten, er dafür aber sicherlich „langlebiger, zuverlässiger und ohne Mucken" sein würde.

Gleich zu Produktionsbeginn machte Daimler-Benz klar, daß der 190 SL sich nicht nur an eine Klientel richtete, deren automobilistische Aktivitäten sich auf sonntagnachmittägliche Spazierfahrten beschränkten, sondern auch an diejenigen, die den neuen Sportwagen in Clubrennen einzusetzen beabsichtigten. Aufpreispflichtige Sport-Extras waren deshalb von Beginn an fester Bestandteil im Zubehörkatalog des 190 SL. Dazu zählten beispielsweise spezielle Leichtbautüren mit tiefem Türausschnitt sowie eine kleine, aber attraktive Plexiglasscheibe, die statt der Frontscheibe zu installieren war.

Leistungssteigernde Überarbeitungen am Triebwerk zu Rennzwecken erübrigten sich, da Presse und Daimler-Benz einhellig der Ansicht waren, daß bereits die Standardmoto-

Konventionell angeschlagene Türen, wirtschaftliches Antriebsaggregat und niedrige Betriebskosten machten den „Baby-Benz" zum idealen Gefährt für sportlich ambitionierte Kunden beiderlei Geschlechts.

Obgleich der 190 SL sich an eine sportive Klientel richtete, entsprach sein Fahrgastraum in seiner luxuriösen Konzeption und Ausstattung eher dem Image eines gediegenen Tourenwagens.

risierung des 190 SL ausreichend sei, um in seiner Klasse wettbewerbsfähig sein zu können. Zog man gegen Produktionsende – insgesamt verkauften sich 25 881 Exemplare – Bilanz, so kristallisierte sich gerade die Motorleistung als jener Punkt heraus, der im Laufe der Jahre immer größere Kritik seitens der Autotester erfahren hatte. Wie sich die Zeiten doch ändern...

Der 190 SL spielte seine wahren Trümpfe jedoch nicht auf der Rennstrecke aus. Er stand vielmehr in der Tradition eines hochrangigen Sporttourers, attraktiv für seine Epoche und darüber hinaus. Geliebt von jung und alt, ging bis heute nichts von seinem Reiz verloren. Präzise Lenkung, gute Straßenlage, vorzügliche Handlichkeit und exzellente Optik machen den 190 SL heute so erstrebenswert wie damals. Kein Sportwagen im üblichen Sinne, verwöhnt der 190 SL mit allen Eigenschaften, die einen sportlichen Tourer ausmachen.

Karosserie

Die selbsttragende Karosserie des 190 SL ist aus Stahlblech gefertigt, wobei Türen sowie Motorhaube und Kofferraumdeckel aus Gewichtsgründen in Aluminium gehalten sind.

Der Vorderbau umfaßt zwei Außenkotflügel mit integrierten Sicken entlang der oberen Radausschnitte (im Falle des 300 SL handelte es sich allerdings um separate Wulstbleche, die nachträglich aufgebracht wurden) sowie eine Frontmaske mit Ausschnitten für Scheinwerfer, Blinker und Kühlergrill. Die komplexe Innenkarosserie setzte sich aus zwei Innenkotflügeln zusammen, vorn verbunden durch ein Querblech mit einer Aussparung für den hinteren Teil des Kühlers sowie hinten durch die Motorspritzwand. Rechts an der Spritzwand, direkt vor dem Armaturenbrett und unterhalb des Windlaufs, beides separate Bleche, befand sich die Halterung für die 12-Volt-Batterie. Scheinwerfertöpfe und untere A-Säulen, an denen jeweils die Aufnahmen für beide Türscharniere angebracht waren, waren ebenfalls als separate Bleche ausgeführt. Der Windschutzscheibenrahmen – oben auf den A-Säulen saß jeweils ein verchromter Lochbeschlag zum Einrasten der Verdeckspannverschlüsse – wurde über lange, an beiden Enden mit Gewinde versehene Bolzen an die Karosserie angeschraubt, und war jederzeit als Einheit demontierbar.

Die Heckpartie präsentierte sich in ähnlicher Weise aufgebaut. Auch hier gab es zwei Außenkotflügel mit integrierten Radlaufsicken, an den hinteren Spitzen jeweils ausgeschnitten für die äußeren Hälften der Schlußleuchten. Die inneren Hälften der Ausschnitte saßen entsprechend zu beiden Enden des Heckblechs. Vorn stellte ein Windlaufblech die Verbindung zwischen beiden Außenkotflügeln her. Die verhältnismäßig kleinen Innenkotflügel wurden vorn über eine Querwand verbunden, die gleichzeitig auch als Abtrennung zum Cockpit diente. Vorn schlossen aufgrund der Türverriegelungsstücke komplex aufgebaute B-Säulen die Außenkotflügel ab.

Die Rahmenbodenanlage des 190 SL setzte sich aus diversen Teilstücken zusammen. Dazu gehörten vier separate Bleche für vordere und hintere Fußräume, der vorn und hinten für die Unterbringung von Getriebe und Differential ausfächernde Kardantunnel sowie das Bodenblech des Kofferraums, an das zu beiden Seiten jeweils eine längs angeordnete Radmulde angesetzt war. In die rechte Mulde wurde das Reserverad gestellt, während in der linken Mulde ein zweites Rad oder eine Werkzeugtasche verstaut werden

konnte. Vorn an die Bodenbleche schloß sich als Bindeglied zur Motorspritzwand ein schräges Querblech an, in der Mitte ausgeschnitten für den Kardantunnel. Direkt unter dem Kofferraumboden befand sich der Kraftstofftank mit einem Fassungsvermögen von 65 Litern.

Längsträger, an definierten Punkten über Querholme verbunden, und der Kardantunnel verliehen der Karosserie vornehmlich ihre Verwindungsteifigkeit. Ein Längsträger jeweils zu beiden Seiten des Motorraums, im Bereich vor dem Triebwerk verbunden über ein Querrohr, bog sich entlang der Radkastenunterkante zu jedem der ebenfalls als Rechteckprofil ausgeführten Innenschweller. Ein Kastenprofil zu beiden Seiten des Kofferraumbodens schloß sich jeweils daran an. Im vorderen Fußraum sowie direkt hinter den Sitzen sorgten Querholme für zusätzliche Stabilität. Ein Querholm direkt vor der Kofferraumwanne diente als Aufnahme für die Montagepunkte von Hinterachse und Hinterradaufhängungen. Jeder der Innenschweller verfügte über zwei Wagenheberaufnahmen in Kombination mit den entsprechenden Durchführungsbohrungen in den Außenschwellern in Höhe von A- und B-Säule.

Sämtliche Teilbleche des Rahmenbodens wurden zu einem ganzheitlichen Element aneinandergeschweißt, ebenso verfuhr man mit den Einzelblechen der Außenhaut. Anschließend wurden beide Einheiten zu einer selbsttragenden Karosserie zusammengefügt. Die Boden- und Fahrgestellgruppe war größtenteils vom Ponton abgeleitet, wies aber im Unterschied einen um 250 mm auf 2400 mm verkürzten Radstand auf, entsprach damit also demjenigen des 300 SL Flügeltürers.

Motorhaube und Kofferraumdeckel setzten sich jeweils aus einer Außenhaut und einem verstärkenden Tragrahmen zusammen, beides in Aluminium gefertigt und von der Unterseite in Wagenfarbe lackiert. Die Motorhaube war vorn angeschlagen und wurde über eine links vorn am Kotflügel angebrachte Stütze in geöffnetem Zustand gehalten. Den Kofferraumdeckel hatte man in konventioneller Art am Windlauf angeschlagen, wobei die Haltestütze ebenfalls linksseitig plaziert war. Die Türen zeigten sich analog dazu aufgebaut mit einer Außenhaut aus Aluminiumblech und einem Rahmengestell aus Aluminiumguß, an den entsprechenden Punkten ausgespart für die Aufnahme von Fensterkurbel, Türschloß und Schloßfalle.

Verdeck & Hardtop

Gleich zu Produktionsbeginn bot Daimler-Benz den 190 SL in zwei Varianten an, als Roadster mit optional nachrüstbarem Hardtop und als Coupé mit demontierbarem Hardtop.

Das Faltverdeck war ganz in Daimler-Benz-Tradition hervorragend gearbeitet. Aluminiumspriegel und -gestänge, wobei Dachkappe und Eckspriegel eine Holzverstärkung aufwiesen, sowie ein Mohair-Verdeckstoff, von der Innenseite mit einem Stoffhimmel bezogen, waren die Ingredienzen für sorgenfreie sommerliche Ausfahrten. Zwischen Außen- und Himmelstoff verzichtete man dabei ganz auf den Einsatz von Füllmaterialien. Eine PVC-Folie als Heckscheibe und eine außen auf den Eckspriegel aufgesetzte Aluminiumzierleiste komplettierten das Verdeck. Ursprünglich ließ sich das Verdeck nicht von der Karosserie trennen, da es rund um den rückwärtigen Cockpitausschnitt auf den Windlauf genietet war. Daimler-Benz reagierte schnell auf dieses Problem und stellte im August 1955 die Befestigung auf Druckknöpfe um. Drei Spannverschlüsse – zwei an den A-Säulen-Enden und einer mittig an der Dachkappe – hielten das Verdeck am Frontscheibenrahmen, wobei die äußeren Spanner in entsprechende Laschen der Dachkappe und der mittlere Spanner in einen Beschlag des Scheibenrahmens griffen. Das Verdeck ließ sich vollständig und platzsparend in den Fond zusammenfalten, so daß noch ausreichend Raum für kleines Gepäck blieb. Eine serienmäßig mitgelieferte Vinylpersenning, befestigt mittels Druckverschlüssen, diente als Schutzabdeckung und optische Abrundung des Roadster-Cockpits.

Sehr durchdacht in seiner Konstruktion, erforderte es nur eine Person und verhältnismäßig wenig Zeitaufwand, das Verdeck zusammen- oder auseinanderzufalten, und das, obwohl das Fahrerhandbuch dafür insgesamt zwölf einzelne Schritte auflistete. Das Verdeck vollständig von der Karosserie zu trennen, für die Montage des Hardtops ja unerläßlich, stellte hingegen eine etwas komplexere Aufgabe dar. Am hinteren Cockpitausschnitt war das Verdeck über Druck-

Auf dem Weg vom Prototypenstadium in die Serie erfuhr der 190 SL ein deutliches Facelifting, um die Frontansicht in ihrem Erscheinungsbild derjenigen des Flügeltürers anzugleichen.
Im Gegensatz zum 300 SL beschränkte sich die Motorhaube auf eine einzige, aber dafür breitere Längswulst. Das zurückhaltend elegante Heck nimmt ansatzweise die rückwärtige Ansicht des späteren 300 SL Roadster vorweg. Das große Lenkrad und die beiden Hauptinstrumente dominieren das Cockpit.

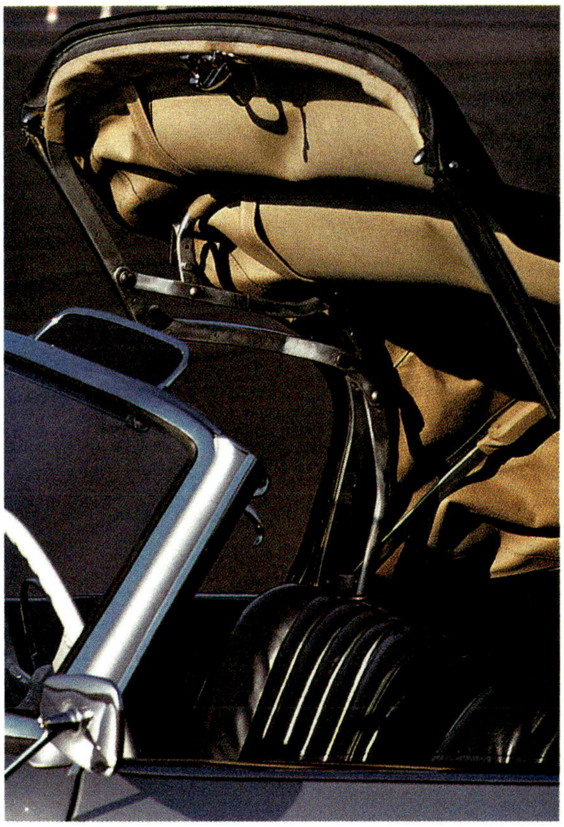

Das Faltverdeck des 190 SL ließ sich ohne große Schwierigkeiten von einer Person in kürzester Zeit bedienen und nahezu gänzlich im Fond hinter den Sitzen versenken. Der Eckspriegel oberhalb der Heckfensterfolie schmückte sich mit einer dünnen Aluminiumzierleiste. Das Verdeck wurde über drei Spannverschlüsse am Windschutzscheibenrahmen arretiert. Jeder der drei Spanner war üppig verchromt und griffgünstig geformt. Während der spätere 300 SL Roadster sein Verdeck elegant unter einer Stahlblechklappe versteckte, blieb dem 190 SL „nur" eine Vinylpersenning, die über Druckknöpfe am Windlauf zu befestigen war.

knöpfe an einem in den Windlauf eingearbeiteten Haltebügel befestigt. In Form gehalten wurde die Verdeckunterkante dabei von einem eingenähten Federdraht. Löste man die Halteschrauben des Gestänges sowie die Druckknopfverschlüsse des Verdecks, so konnte die gesamte Konstruktion abgenommen werden. Das Hardtop verfügte über vier Montagepunkte, wobei zwei Haltebolzen in die B-Säulen und zwei Klauenspanner in das hintere Querblech griffen. Befestigt wurden Bolzen und Spanner über jeweils eine Spannschloßmutter.

Die doppelwandige Außenhaut des Hardtops präsentierte sich innen mit einem Vinylhimmel und außen mit Chromzierleisten rund um die gläserne Heckscheibe sowie entlang der Türausschnitte und Frontscheibenabschlußkante. Das anfänglich mit breiten Dachsäulen und kleiner Heckscheibe ausgeführte Hardtop erhielt jedoch im Oktober 1959 eine Panoramascheibe zur Verbesserung der rückwärtigen Sichtverhältnisse. Das aufgrund seiner Größe und stabilen Konstruktion schwergewichtige Hardtop erforderte zur Montage oder Demontage allerdings immer etwas Geduld und mindestens vier kräftige Hände.

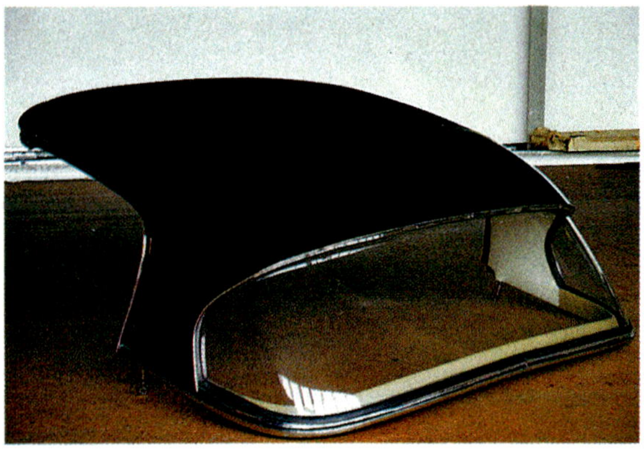

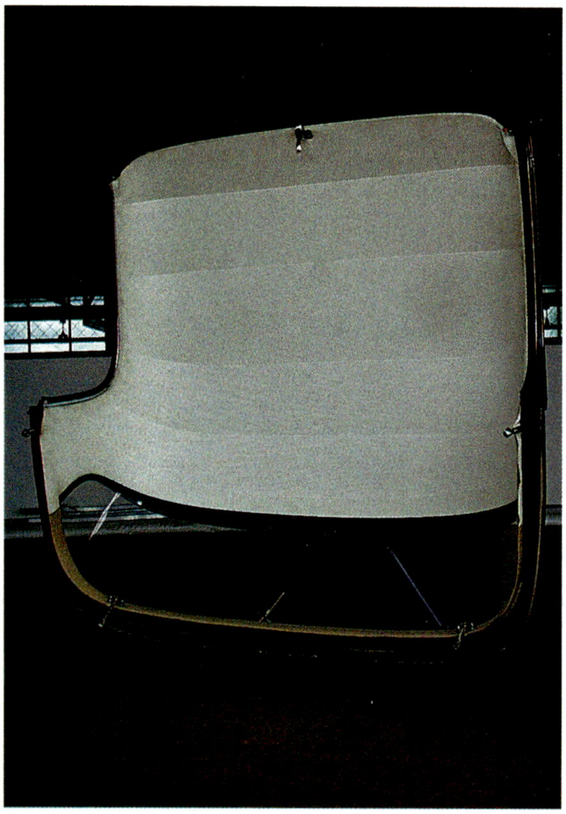

Das Hardtop wurde im Verlauf der Produktion in zwei Varianten angeboten (ganz links), der ursprünglichen Version mit kleiner Heckscheibe und der im Oktober 1959 eingeführten Version mit Panoramascheibe. Anfänglich besaß das Hardtop eine Dachhaut aus Aluminium, die jedoch ab Februar 1956 durch ein Stahlblechpendant ersetzt wurde. Verchromte Zierleisten entlang der Seitenfensterausschnitte und der vorderen Dachkante sowie rund um die Heckscheibe verliehen dem Hardtop eine harmonische Gesamtoptik. Sehr gut sind hier die vier ebenfalls verchromten Spannverschlüsse zu erkennen (links). Als Himmel diente perforiertes Vinylmaterial.

Karosseriezierteile

Ebenso wie der 300 SL Flügeltürer reflektierte der 190 SL bezüglich seines Karosseriezierats die Designströmungen der damaligen Zeit. Sein Auftritt war glanzvoll, jedoch keinesfalls überladen, sondern eher in typisch deutscher Tradition sachlich und funktional.

Die Scheinwerfer aus dem Hause Bosch wiesen jeweils eine breite Chromrosette auf, unten am Kotflügel über eine Schraube befestigt. Die torpedoförmigen Blinkleuchten saßen direkt darunter in einer Chromfassung, allerdings mit einer Gummiauflage zwischen Fassung und Kotflügel.

Der wunderbar gestaltete Kühlergrill wurde von einer oberen und unteren Rahmenleiste eingefaßt, zwischen denen dem Rumpf eines Flugzeugs gleich ein Trägerzylinder aus Aluminium mit daran angreifenden Tragflächen schwebte.

Darauf angebracht fanden sich der verchromte Mercedes-Stern und zu beiden Seiten jeweils eine Chromleiste. Den Hintergrund bildete ein Grill mit rautenförmigen Gittermaschen. Obwohl alle drei Kühlergrillausführungen von 300 SL Flügeltürer und Roadster sowie 190 SL identisch erschienen, war nur die obere Rahmenleiste austauschbar. Verglichen mit der unteren Rahmenleiste des Flügeltürers, zeigte sich die Variante von Roadster und 190 SL an den Enden zur oberen Leiste hin schmaler, an ihrem horizontalen Hauptteil jedoch erheblich breiter. Bei 190 SL und Flügeltürer war diese Leiste mittels vier Schrauben an der Frontmaske befestigt, wohingegen sie beim Roadster keine Bohrungen aufwies, sondern über zwei Laschen direkt an der Maske angeschraubt wurde. Die verchromten „Tragflächen"-Leisten waren bei 300 SL Flügeltürer und Roadster sowie 190 SL identisch, bei beiden Roadstern jedoch zusätzlich mit Filzstreifen hinterlegt.

Ein weiterer wichtiger Unterschied ergab sich durch das Maschengitter, das beim 300 SL Roadster direkt vor dem Kühler, bei 300 SL Flügeltürer und 190 SL hingegen direkt hinter der Kühleröffnung plaziert war. Waren beim Coupé noch sämtliche Elemente des Kühlergrills verchromt, so wies der Trägerzylinder bei 300 SL Roadster und 190 SL eine schwarz lackierte Oberfläche auf. Mercedes-Stern samt Außenring waren Gußteile, und so ist es heute durchaus von Vorteil, ihnen gute Pflege angedeihen zu lassen, denn originaler Ersatz ist entsprechend teuer.

Die verchromten, dreiteiligen Frontstoßstangen fertigte man als Preßstahlteile und montierte sie an zwei mit den Rahmenbodenauslegern verschraubten Halterungen, die aus entsprechenden Öffnungen in der Frontmaske ragten. Stoß-

Es war durchaus kein Zufall, daß der Kühlergrill demjenigen des 300 SL Flügeltürers fast bis aufs Haar glich. Selbst das Rautengitter hatten man direkt hinter die Kühleröffnung gespannt.

Dieser filigrane Kotflügelspiegel (rechts) gehörte allerdings nur auf der Fahrerseite zur Serienausstattung. Der Windschutzscheibenrahmen war verchromt, wohingegen die Scheibenpfosten in Wagenfarbe lackiert wurden. Die verchromten Spritzschutzbleche vor den hinteren Radausschnitten (ganz rechts) verursachten nach Jahren durch die dahinter angesammelte Feuchtigkeit erhebliche Korrosionsschäden.

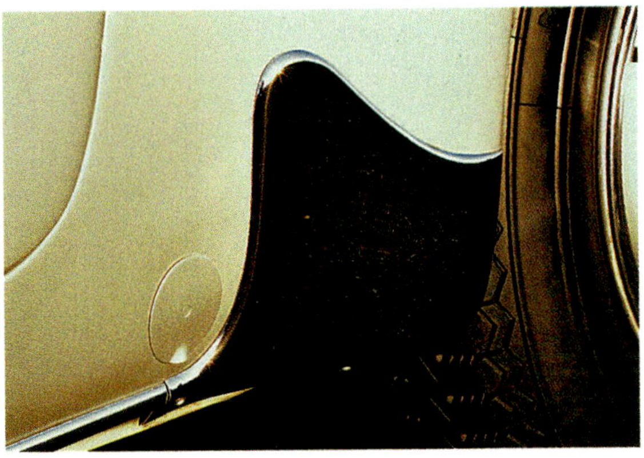

Prangte das Lorbeer-Emblem beim 300 SL auf der Frontmaske, so rutschte es beim 190 SL auf die auslaufende Motorhaubenwulst (rechts). Der Chromzierat des Kofferraumdekkels beschränkte sich ausschließlich auf essentielle Dinge. Welche Beziehung im Hause Daimler-Benz zu Detailfragen herrschte, dürfte die praktische Staubklappe über dem ebenfalls verchromten Kofferraumschloß (ganz rechts) mehr als ausreichend verdeutlichen.

Die eleganten Chromzierleisten entlang der Kotflügelsicken wurden im Dezember 1955 serienmäßig beim Hardtop-Coupé eingeführt, bleiben dem Roadster jedoch auf Lebenszeit nur als aufpreispflichtiges Extra vergönnt. 13zöllige Stahlscheibenräder mit Fünfloch-Befestigung – hier bereift mit modernen Radialpneus von Michelin – wurden als Standardausrüstung gewählt, um die ungefederte Masse zu vermindern und gleichzeitig den Fahrzeugschwerpunkt abzusenken.

Die in ihrer Optik am Flügeltürer angelehnten Scheinwerfer stammten von Bosch. Die ebenfalls von Bosch zugelieferten Rückleuchten, die im Gegensatz zum 300 SL in konventionell vertikaler Ausführung daherkamen, hatte man wie so viele andere Dinge der Limousine Typ 180 „entliehen". Ab Oktober 1957 erhielten Exportfahrzeuge für die USA statt der gelb eingefärbten, nun rot eingefärbte Blinkergläser. Der Tankverschlußdeckel trug den Mercedes-Stern und war abschließbar.

Die Kennzeichenbeleuchtung erfolgte in den ersten Jahren über verchromte Leuchten links und rechts des Kennzeichens, verschraubt mit dem Heckblech (ganz links). Ab Juli 1957 verlegte man sie allerdings in die Innenflanken der Stoßstangenhörner (links).

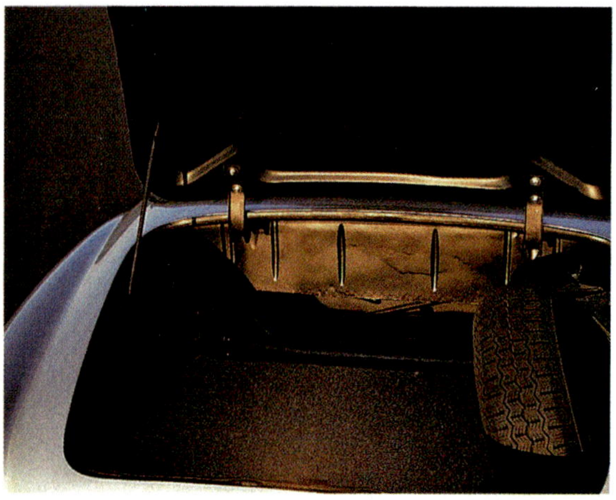

Der geöffnete Kofferraumdeckel wurde über eine links angelenkte Stützstrebe gehalten. Eine Rahmenkonstruktion verlieh dem Aluminiumblech der Außenhaut die notwendige Stabilität. Den Kofferraum selbst hatte man mit Teppichboden ausgelegt, während das Reserverad darin stehend untergebracht war.

stangenhörner waren anfangs serienmäßig nur der Heckstoßstange vorbehalten, allerdings ab einem späteren, leider nicht mehr genau zu datierenden Zeitpunkt auf Wunsch auch für die vordere Stoßstange zu haben.

Direkt vorn auf der Spitze der Motorhaubenhutze plazierte man das runde „Mercedes-Benz"-Emailemblem (bei beiden 300 SL noch auf der Frontmaske zu finden). Die Kotflügelsicken blieben anfangs ohne Chromschmuck, bekamen jedoch ab Dezember 1955 dünne Chromleisten, die beim Hardtop-Coupé serienmäßig waren, beim Roadster hingegen zur Sonderausstattung gehörten. Obwohl viele Wagen heute hinter den Radausschnitten der Vorderkotflügel „Mercedes-Benz"-Schriftzüge tragen, zählten diese zu keiner Zeit zur werksseitigen Ausstattung.

Die recht kurzen Scheibenwischerarme waren verchromt, während man die ebenfalls verchromte Waschdüse mittig im

Eine vorzügliche Mischung aus gesunder Ergonomie, gutem Geschmack und zeitgemäßer Opulenz verliehen dem Interieur ein überaus komfortables Ambiente. Als serienmäßiges Bezugsmaterial fand sich im 190 SL während der gesamten Bauzeit das hauseigene MB-Tex-Kunstleder, das gegen Aufpreis natürlich auch durch Echtleder zu ersetzen war.

Windlauf eingelassen hatte. Die Windschutzscheibe aus Sekurit-Glas war eingesetzt in eine rundumlaufende Gummidichtung und präsentierte sich üppig mit Chromleisten eingefaßt, wohingegen die Scheibenpfosten in Wagenfarbe lackiert waren.

Die zierlich eleganten Türgriffe mit Druckknopfbetätigung zeigten sich ebenfalls verchromt, ebenso die dünnen Zierleisten entlang der Türschachtaußenkante und der Türschweller. Die Schwellerleisten liefen dabei hinten vor den Radausschnitten jeweils in ein verchromtes Spritzblech aus, das bei allen Modellvarianten zur Standardausstattung gehörte. Ein filigraner Chromaußenspiegel, serienmäßig montiert auf dem fahrerseitigen Kotflügelende, gewährte sicheren Blick nach hinten. Der Rückspiegel für die Beifahrerseite ließ sich hingegen nur als aufpreispflichtiges Extra ordern.

Die Heckstoßstange, ebenso wie ihr vorderes Pendant dreiteilig ausgeführt und verchromt, schmiegte sich elegant um die hinteren Kotflügelspitzen. Stoßstangenhörner spendierte Daimler-Benz ihr serienmäßig, wobei sie mit einer Zwischenlage aus Gummi an den Stoßstangenblättern befestigt waren. Eine spezielle Kennzeichenhalterung gab es nicht, das Kennzeichen wurde einfach an das Heckblech oberhalb der Stoßstange angeschraubt. Ein großer Mercedes-Stern, darunter ein „190 SL“-Schriftzug und ein verchromter Kofferraumdeckelgriff (mit Gummizwischenlage) vervollständigten den Karosseriezierat im Heckbereich.

Sehr große Ähnlichkeit zu den Schlußleuchten der Limousine vom Typ 180 wiesen die vertikalen Rückleuchten des 190 SL auf. Eingefaßt in einen verchromten Rahmen, der über eine Zwischenlage aus Gummi am Kotflügel angeschraubt war, teilte sich die Leuchteinheit auf in (von oben) Rück-/Bremslicht (rotes Glas), Rückfahrleuchte (klares Glas) und Blinker (gelbes Glas). Exportfahrzeuge für Nordamerika rüstete man allerdings ab Oktober 1957 werksseitig mit roten Blinkergläsern aus. Zu beiden Seiten unterhalb der Stoßstangenenden befand sich jeweils eine angeschraubte Halterung, versehen mit einem kleinen rechteckigen „Katzenaugen“-Reflektor. Links unterhalb der Stoßstange mündete das Auspuffendrohr ins Freie.

Innenausstattung

Geräumig, komfortabel und angenehm luxuriös präsentierte sich das Interieur des 190 SL in seinem Erscheinungsbild ähnlich dem Cockpit des Flügeltürers. Als exzellentes Beispiel für den Trend der fünfziger Jahre in Sachen Sportwagen, überzeugte der Innenraum des 190 SL mit Qualität und Ergonomie – dieser Begriff sollte allerdings erst sehr viel später in den allgemeinen Wortschatz der Autokonstrukteure übernommen werden. Alles in allem war der 190 SL ein typischer Sproß der hochgeschätzten „Mercedes-Benz“-Familie.

Die Einzelsitze waren in konventionellen, auf das Bodenblech geschweißten Sitzschienen geführt. Die Sitzkissen ruhten auf einem Grundrahmen, auf dem wiederum ein Rahmen mit Schraubenfedern montiert war. Ein Formblech diente als Rahmen für die Rückenlehne, am Untergestell über verchromte Scharniere angeschlagen, und nach vorn klappbar ausgeführt. Kopfstützen standen damals nicht auf der Ausstattungsliste, sind aber heute durchaus bei einigen Fahrzeugen zu finden.

Serienmäßig spendierte Daimler-Benz dem 190 SL zwar kein Echtleder, doch legte der Kunde keinen gesteigerten Wert darauf, so bekam er mit Daimler-Benz' MB-Tex ein hochwertiges und überaus strapazierfähiges Kunstleder. Entsprechend waren dann Sitze, Armaturenbrettdeckfläche- und -unterkante sowie Tür-, Fond- und Fußraumseitenverkleidungen mit diesem Material bespannt. Ebenfalls strapazierfähig zeigte sich der Teppichboden, mit dem die Gepäckablage hinter den Sitzen bezogen war. Ein – im wahrsten Sinne des Wortes – Notsitz für die kurzzeitige Beförderung einer dritten Person konnte gegen Aufpreis geordert werden. Ein Gewebematerial mit aufgesetzten Gummimatten kleidete die Fußräume aus, über dem Kardantunnel ergänzt durch eine passförmige Gummimatte. Restaurierte Fahrzeuge sind heute in diesem Bereich oftmals allerdings mit Teppichboden ausgelegt.

Beide Türverkleidungen verfügten jeweils über eine Armlehne, die gleichzeitig als Staufach ausgebildet war. Der Chromzierat beschränkte sich dabei auf Zierleisten an Tür-

Die elegant-zierlichen Sonnenblenden aus getöntem Plexiglas und eingefaßt in einen Chromrahmen (ganz links) erhielten ab Frühjahr 1958 Ersatz in Form gepolsterter und mit Kunstleder (bzw. Leder) bezogener Blenden (links). Frühe Handschuhfachklappen wiesen nur einen verchromten Griff auf (links), der ab Mai 1956 jedoch Gesellschaft von einer mechanischen Uhr und einem Schloß bekam.

Aufkommende Detailfragen löste Daimler-Benz beispielsweise am Innenrückspiegel mittels einer vibrationshemmenden Strebe, die sich oben am Frontscheibenrahmen abstützte, an der Innenraumleuchte mittels einer lichtdämpfenden Schwenkklappe und am Aschenbecher mittels einer praktischen Scharnierklappe (ganz links). Dieser Notsitz zur Montage hinter dem Beifahrersitz (links) konnte als Extra geordert werden.

Die Türen erfuhren im Februar 1957 eine geringfügige Überarbeitung ihrer Innenseiten. Die fest montierte Armlehne mit integriertem Staufach war bei früher und späterer Ausführung nahezu gleich, nur die Optik der Türverkleidung sowie Türöffner und Fensterkurbel wurden modifiziert.

schacht, Armlehne und Türverkleidungsunterkante. Den verchromten Türöffner plazierte man ganz vorn, vertikal nach unten ausgerichtet, während die ebenfalls verchromte Fensterkurbel auf halbem Wege zwischen Öffner und Armlehne positioniert war. Im Februar 1957 erfuhr dieses Arrangement eine Überarbeitung, die außer einem horizontal angeordneten Türöffner nun auch einen separaten Verriegelungshebel vorsah.

Der Innenrückspiegel saß wie beim Flügeltürer zentral auf dem Armaturenbrett, hier allerdings zusätzlich über eine dünne Chromstrebe schwingungsgedämpft nach oben zum Frontscheibenrahmen hin abgestützt. Rechts daneben befand sich eingelassen ein Aschenbecher mit klappbarem Scharnierdeckel. Aufgrund ihrer Position direkt unterhalb des Rückspiegels, diente eine in einem verchromten Rechteckgehäuse untergebrachte Lampe gleichzeitig als Innenraum- und Leseleuchte. Am Querholm des Frontscheibenrahmens war auf der Fahrerseite eine Sonnenblende aus getöntem Plexiglas angeschlagen, eingefaßt in einen Chromrahmen und am rechten Scharnier versehen mit einem Arretierknauf. Eine entsprechende Blende für die Beifahrerseite lieferte Daimler-Benz hingegen nur als aufpreispflichtiges Extra. Diese überaus eleganten Blenden fielen sehr zierlich aus und spiegeln sehr schön die stilistischen Strömungen im damaligen Automobilbau wider.

Das Armaturenbrett zeigte sich zum Windlauf hin und an seiner Unterkante mit dem jeweiligen Interieurmaterial bezogen, ebenso die Innenseiten der Frontscheibenpfosten. Das Instrumentenpaneel war dabei in Wagenfarbe lackiert. Sieht man einmal von den Chromrosetten der Instrumente ab, beschränkte sich der Armaturenbrettschmuck auf dünne Chromleisten entlang der Windlaufkante und der Paneelunterkante. Eine Blende mit „190 SL"-Schriftzug in rechteckigem Rahmen diente als Abdeckung für den Schacht des optional lieferbaren Radios. Der entsprechende, rechteckige Lautsprecher saß zentral unter dem Armaturenbrett.

Die Rückseiten der Sitzlehnen wiesen zur Belüftung Perforationslöcher auf.

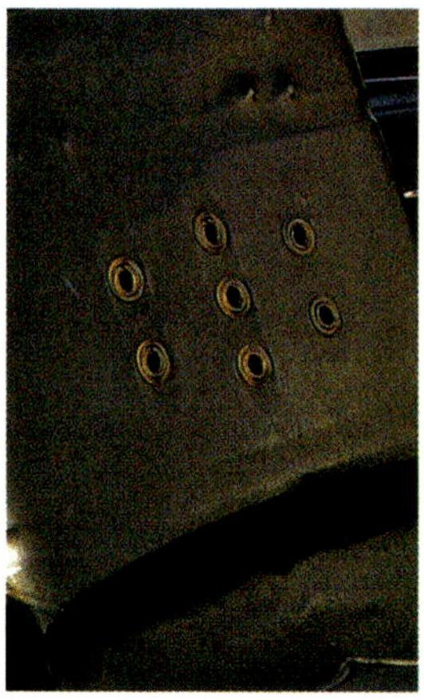

Das Instrumentenpaneel wurde in Wagenfarbe lackiert, während Deckfläche und Unterkante des Armaturenbretts mit dem jeweiligen Interieurstoff bezogen waren. Die beiden Speichen des elfenbeinfarbigen Kunststofflenkrads waren zur verbesserten Sicht auf die Instrumente leicht nach unten gewinkelt. Unterhalb der Innenraumleuchte befand sich der Einbauschacht für das optional lieferbare Radio. Dieser 190 SL der späteren Bauperiode ist bereits mit den gepolsterten Sonnenblenden sowie der mechanischen Uhr im Deckel des Handschuhfachs ausgerüstet.

Instrumente & Bedienungselemente

Identisch zum 300 SL Flügeltürer saß die Instrumentenkonsole auch beim 190 SL gut im Blickfeld des Fahrers, beherrscht von zwei großen Rundinstrumenten, einem Drehzahlmesser zur Linken und einem Tachometer zur Rechten. Der Drehzahlmesser wies eine Skalierung bis 7000 Upm auf, mit rotem Bereich beginnend bei 5700 Upm, während der Tachometer bis 210 km/h respektive 140 mph hinaufreichte. Ein Kilometer- bzw. Meilenzähler sowie ein rückstellbarer Tagesstreckenzähler komplettierten den Tachometer. Zwei runde Zusatzinstrumente unterhalb des Drehzahlmessers informierten über Öldruck (links) und Kühlwassertemperatur (rechts), ein weiteres Rundinstrument schräg rechts unterhalb des Tachometers über den Kraftstoffvorrat.

Sämtliche Instrumente wurden von VDO zugeliefert und wiesen Chromeinfassungen sowie schwarze Zifferblätter mit weißer Beschriftung auf. Im Mai 1956 ergänzte Daimler-Benz das luxuriöse Cockpit durch eine mechanische Uhr, plaziert links in der Klappe des Handschuhfachs. Zwischen den Hauptinstrumenten gaben eine große rote Leuchte für die Fahrtrichtungsanzeige (oben), eine kleinere blaue Leuchte für die Fernlichtanzeige (Mitte) sowie eine rote und eine weiße Leuchte für Ladestrom (unten links) und Choke (unten rechts) Auskunft über weitere Betriebszustände des Fahrzeugs.

Funktionalität und Ablesbarkeit der Instrumente verdienten ein großes Kompliment, die Schalterbatterie bedauerlicherweise nicht. Das Armaturenbrett des 190 SL schien in nahezu jedem verfügbaren Winkel einen Zug- oder Druckschalter aufzuweisen, ein Wirrwarr, den selbst manch gestandener 190 SL-Besitzer auch nach langjähriger Praxis nicht auf Anhieb zu entwirren vermochte.

Der 190 SL besaß die bekannte Zwei-Kanal-Heizung der Ponton-Limousinen mit zwei getrennten Heizkühlern. Zu beiden Enden des Armaturenbrettpaneels befanden sich jeweils zwei horizontale Schieberegler für die Frischluftzufuhr. Der obere Regler war dabei für die Windschutzscheibe, der untere für den Fußraum zuständig. Im linken Luftkanal des Heizungssytems sorgte ein Gebläse für eine effizientere Ventilation. Zwei weitere, zentral auf dem Paneel angeordnete Regler regulierten die Heizungsluftzufuhr, wobei der obere Regler die linke Hälfte, der untere Regler die rechte Hälfte des Innenraums versorgte.

Links der Lenksäule befanden sich folgende Schaltfunktionen (von links): Zugschalter für das Heizungsgebläse; Kippschalter für das Parklicht (Links-Rechts-Schaltung); fünfstufiger Drehschalter für Parklicht, Aus, Standlicht, Abblendlicht und Nebellampen; Zugknopf für die Warmstarteinrichtung des Motors (kombiniert mit Gaspedal in Vollgasposition); und Zugschalter für die Instrumentenbeleuchtung. Das Fernlicht wurde mittels eines Lenksäulenhebels über ein entsprechendes Relais geschaltet.

Direkt rechts der Lenksäule befand sich ein Drehregler, mit dem der Fahrer – jedenfalls bis zu einem gewissen Grad – Unterschiede in der Benzinqualität mittels Zündvor- oder -nachverstellung ausgleichen konnte. Über einen Bowdenzug mit dem Zündverteiler verbunden, ließ sich der Zündzeitpunkt stufenlos an die Oktanzahl des jeweiligen Kraftstoffs anpassen. Die ab Werk justierte Grundeinstellung (Drehknopf links am Anschlag) entsprach dabei der Qualität deutschen Superbenzins. Ab September 1958 jedoch ersetzte Daimler-Benz diesen Drehregler durch eine direkt am Zündverteiler plazierte Justiereinrichtung.

Direkt unterhalb der Benzinuhr saß ein Zugknopf für die Kaltstarteinrichtung (Choke), während links davon das Zündschloß positioniert war (den Starterknopf hatte man

Außer geringfügigen Modifikationen erfuhren Instrumente und Bedienungselemente während der gesamten Bauzeit des 190 SL keine grundlegenden Modellpflegemaßnahmen. Einziger Wermutstropfen im ansonsten überzeugenden Innenraum blieben die Bedienungselemente, deren einzelne Funktionen auch dem langjährigen 190 SL-Eigner ein gutes Erinnerungsvermögen abverlangten.

separat ausgeführt). Dieses ursprüngliche Arrangement ersetzte man ab März 1956 jedoch durch ein, nun rechts unterhalb der Benzinuhr plaziertes Zündschloß mit integrierter Starterfunktion. Als nächstes Bedienungselement folgte der Scheibenwischerschalter, der halb herausgezogen für normale, ganz herausgezogen für schnelle Wischergeschwindigkeit schaltbar war. Rechts hiervon fanden sich die Heizungsregler, gefolgt von einem Zigarettenanzünder. Die Handschuhfachklappe ließ sich mittels eines Chromgriffs öffnen (ab Mai 1956 dann auch über ein Schloß abschließen) und war wie das restliche Instrumentenpaneel in Wagenfarbe lackiert. Ein weicher Wollstoff diente als Bezugsmaterial für den Handschuhfachboden.

Neben der doch etwas verwirrenden Schalteranordnung erwies sich auch der unterhalb des Armaturenbretts angeordnete Handbremshebel als ständiger Punkt der Kritik. Die Funktionalität des mit einem gebürsteten Aluminiumgriff bedachten Zughebels stand dabei außer Frage, vielmehr war es die Diskrepanz zwischen sportlichem Anspruch und biederer Ausführung, die die damaligen Gemüter in Wallung brachte.

Kupplungs- und Bremspedal verfügten über trapezförmige Tretflächen mit geprägten, rutschfesten Gummikappen, während das Gaspedal eine längliche Form aufwies und schwarz lackiert war. Links des Kupplungspedals ragte ein Abblendschalter für das Fahrlicht aus der Bodenmatte. Neben dem Handbremshebel befanden sich links ein T-förmiger Hebel, der über einen Bowdenzug die Motorhaube entriegelte, und rechts ein Zugknopf für die Zuschaltung der Kraftstoffreserve.

Das elfenbeinfarbene Kunststofflenkrad ermöglichte dem Fahrer aufgrund seiner beiden leicht nach unten weisenden Speichen eine gute Sicht auf die Instrumentenkonsole. Der mit einem Mercedes-Stern verzierte zentrale Hupenknopf war eingefaßt mit einer breiten Chromrosette, an der gleichzeitig die beiden Speichen eines ebenfalls verchromten Hupenrings angriffen. Die Blinkerbetätigung erfolgte über einen kurzen Dreh des Hupenrings nach rechts oder links. Der gerade Mittelschalthebel saß vertikal im Kardantunnel und besaß einen pilzförmigen, elfenbeinfarbenen Kunststoffknauf mit eingeprägtem „H"-Schaltschema.

Rechtsgesteuerte Fahrzeuge bekamen im Prinzip ein spiegelverkehrtes Armaturenbrett, wobei allerdings die Anordnung von Drehzahlmesser (links) und Tachometer (rechts) beibehalten wurde. Zeitgenössische Fahr- und Testberichte räumten den Kritikpunkten, die bezüglich des Armaturenbretts ja angebracht waren, jedoch kein allzu großes Forum ein, und so schrieb die Zeitschrift *Autocar* in ihrem Test des Jahres 1958: „Die Hauptinstrumente, direkt im Blickfeld des Fahrers gelegen, sind klar durch das zweispeichige Lenkrad ablesbar. Eine Ausnahme stellt nur die Kühlwassertemperaturanzeige dar, die nahezu gänzlich von der Lenkradnabe verdeckt wird. Am unteren Armaturenbrettrand befinden

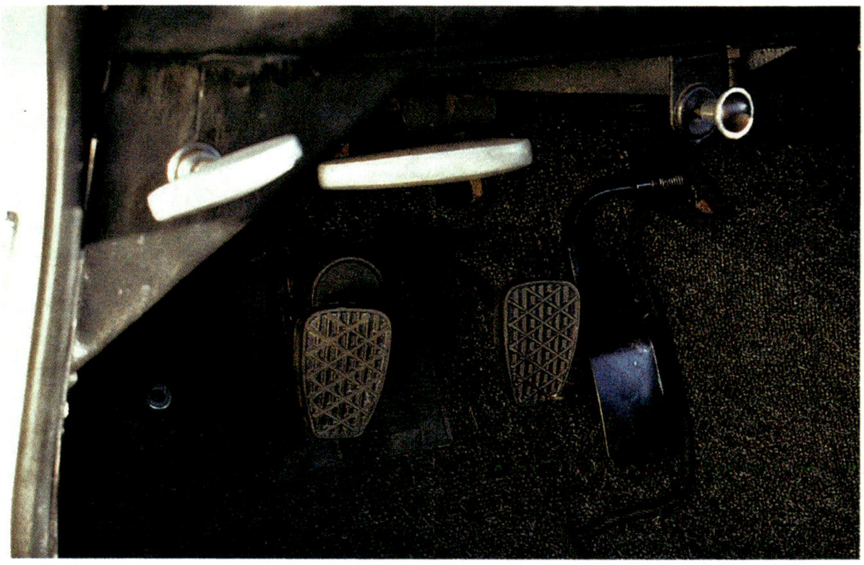

Kupplungs- und Bremspedal stattete man gleich zu Produktionsanfang mit geprägten rutschfesten Gummikappen aus, während das schwarz lackierte Gaspedal bis Januar 1956 nackt blieb. Auf dieser Abbildung sind ebenfalls zu erkennen der Fußschalter für das Abblendlicht sowie die Hebel für die Motorhaubenentriegelung und die Handbremse.

sich links und rechts der Lenksäule, mit ausreichendem Abstand zueinander angeordnet, die Schaltelemente. Die häufiger zu benutzenden Schalter sind gut erreichbar, während die übrigen umständliche Verrenkungen der Arme erfordern und deshalb eine Plazierung in Armaturenbrettmitte gerechtfertigt hätten." Überflüssig zu fragen, wie die Meinung der Fachpresse ob eines solchen Armaturenbrett-Layouts heute ausfallen würde...

Räder & Reifen

Als Räder setzte Daimler-Benz für den 190 SL die Stahlscheibenräder mit Fünfloch-Befestigung des Typ 180 ein, die optisch zwar recht einfach daherkamen, in Höhe (13 Zoll) und Breite (5 Zoll) für ihre Zeit aber sehr modern ausgelegt waren. Der relativ geringe Raddurchmesser senkte die ungefederte Masse und gleichzeitig auch den Schwerpunkt des Wagens, was natürlich der überzeugenden Straßenlage des 190 SL zusätzlich zugute kam. Die Radkappen ähnelten in ihrer Ausführung denen des 300 SL und wurden über Schnapphaken auf der Radschüssel gehalten. Die in Wagenfarbe lackierten Kappen zierten jeweils mittig ein verchromter Mercedes-Stern und außen eine verchromte Rosette, die beides jedoch nicht integraler Bestandteil der Kappe, sondern separat angefertigte Teile waren. Abnehmbare, verchromte Felgenringe vervollständigten den Zierat der 190 SL-Räder.

Die von Continental eigens für Daimler-Benz hergestellten Reifen der Größe 6.40 × 13 Zoll stammten prinzipiell vom Typ 180, wurden beim 190 SL jedoch in „Sport"-Ausführung aufgezogen.

Elektrische Anlage

Ein Großteil der verwendeten Teile der elektrischen Anlage wurde von Bosch zugeliefert, so auch die 12 V/56 Ah-Batterie, die hinten rechts im Motorraum vor der Spritzwand untergebracht war. Weitere Komponenten waren: Zündverteiler (VJ 4 BR 11 m K), Zündspule (TK 12A 3), Startermotor (EED 0.8/12 R 28) und Lichtmaschine (LJ/GEG 160/12-2500 R 8).

Die für unterschiedliche Einsatzzwecke konzipierte Zündkerzenempfehlung spiegelte einmal mehr Daimler-Benz' Stellung als Hersteller hochwertiger Automobile wider. Unterschieden wurden die einzelnen Zündkerzentypen dabei in eine normale und (bei eingebautem Radio) eine funkentstörte Version. Zur Auswahl standen Beru 240/14/3 Lu 3 (normal) und Bosch W 240 T 21 (funkentstört) für normale Fahrzustände sowie Beru D 175/14/3 (normal) und Bosch W 175 T 27 (funkentstört) für Stadtverkehr und sportives Fahren. Als korrekten Elektrodenabstand gab das Werk 0,7 mm für die normale und 0,9 mm für die funkentstörte Variante an.

Empfohlener Mindestabstand für die Unterbrecherkontakte war 0,4 mm, empfohlener Schließwinkel 46–52° bei Leerlaufdrehzahl. Der werksseitig eingestellte Zündzeitpunkt lag bei 8° vor OT. Der links an der Motorspritzwand angeschraubte Sicherungskasten beinhaltete zwölf Einzelsicherungen.

Die Leistungswerte der eingesetzten Glühlampen beliefen sich auf 35/45 W für die Zweifadenlampe der Scheinwerfer, 5 W für die Rücklichtlampen, 15 W für Bremslicht-, Rückwärtsgang- und Blinklichtlampen sowie 10 W für die Kennzeichenleuchtenlampen.

Motor

Der Reihenvierzylinder des 190 SL dürfte zwar kaum Chancen auf einen Platz in der Königsklasse des Motorenbaus haben, aber dennoch leiteten sich etliche Konstruktionsmerkmale vom mächtigen Sechszylinderaggregat des 300 SL Flügeltürers ab. Ein überquadratisches Bohrung-/Hub-Verhältnis von 85,0 zu 83,6 mm erbrachte einen Hubraum von 1897 ccm. Die maximale Leistung von 105 PS lag bei 5700 Upm an, das maximale Drehmoment von 14,5 mgk bei 3200 Upm. Die Werte für Höchstgeschwindigkeit betrugen 171 km/h, für Beschleunigung von 0 auf 100 km/h 14,5 s.

Entgegen dem 300 SL lag das Triebwerk nicht um 50° geneigt im Motorraum, sondern stand konventionell in vertikaler Position. Die für die einzelnen Motorkomponenten verwendeten Rohmaterialien hatte man jedoch analog zum 300 SL-Aggregat ausgewählt: Aluminium für den Zylinderkopf, Grauguß für den Zylinderblock sowie Aluminium für die Kurbelgehäuse-/Ölwannen-Einheit. Der Ventildeckel bestand ebenfalls aus Aluminiumguß, in der Oberfläche belassen in einem rauhen Natur-Finish. Die teure und aufwendige Kraftstoffdirekteinspritzung von Bosch kam für den 190 SL aus Kostengründen nicht in Betracht und wurde deshalb durch zwei Register-Fallstromvergaser aus dem Hause Solex, montiert rechts des Motorblocks, ersetzt. Der Ansaugtrakt umfaßte einen voluminösen Luftsammler, direkt angeflanscht an die Vergaser und aufgrund des Überhangs nach unten abgestützt mittels einer Strebe, und einen nicht minder platzraubenden Luftfiltertopf auf der anderen Seite des Motors, miteinander verbunden über einen flexiblen Gummischlauch. Die benötigte Luft saugte der nach dem Naßluftprinzip arbeitende Filter über einen langen Schnorchel aus dem Bereich hinter dem Zündverteiler an.

Die obenliegende, dreifach gelagerte Nockenwelle verfügte über einen Schaftdurchmesser von 34,9 mm und wurde über eine Duplexkette von der Kurbelwelle angetrieben. Zwei Ventile pro Zylinder, vertikal angeordnet und über Schlepphebel betätigt, sorgten für die notwendige Beatmung des Triebwerks. Die Ventiltellerdurchmesser beliefen sich für den Einlaß auf 44 mm und für den Auslaß auf 37 mm; das (bei kaltem Motor) zulässige Ventilspiel betrug 0,015–0,4 mm. In der Anfangsphase der Produktion verbaute Daimler-Benz eine Nockenwelle mit der Teilenummer 121 051 1401, die ab Juli 1955 (ab Motornummer 184) jedoch gegen eine „sportlichere" Variante (121 051 1501) ausgetauscht wurde. Eine Markierung am hinteren Schaftende („14" bei der Serien-, „15" bei der Sport-Nockenwelle) dient als Unterscheidungsmerkmal. Die Zündgrundeinstellung betrug 4° nach OT bei der „14"-Variante und 7° nch OT bei der „15"-Variante. Die Ventilsteuerzeiten lauteten wie folgt:

	121 051 1401	121 051 1501
Einlaß öffnet	16° v. OT	17,5° v. OT
Einlaß schließt	63° n. UT	60,5° n. UT
Auslaß öffnet	60° v. UT	61,5° v. UT
Auslaß schließt	25° n. OT	22,5° n. OT

Die von Mahle zugelieferten Kolben besaßen flache Böden, glatte Hemden und jeweils vier Ringe (3 Kompressionsringe, 1 Ölabstreifring) sowie ein zulässiges Spiel von 0,003–0,04 mm. In den geschmiedeten Stahlpleueln steckten Kolbenbolzen mit einem Durchmesser von 26 mm und einem zulässigen Spiel von 0,012–0,018 mm. Das Verdichtungsverhältnis betrug anfänglich 8,5 : 1, wurde jedoch ab

September 1956 – wohl aufgrund der in einigen Exportländern mittlerweile verbesserten Benzinqualität – auf 8,8:1 erhöht.

Gegenüber der siebenfach gelagerten Kurbelwelle des 300 SL mußte sich die 190 SL-Kurbelwelle mit drei Hauptlagern begnügen, ausgelegt mit Mehrstofflagerschalen mit einem Innendurchmesser von 70 mm. Das Grundmaß für die Gehäusebohrungen der Kurbelwellenlager belief sich dabei auf 74,5 mm mit einer zulässigen Unrundheit von 0,01 mm. Die Pleuellagerzapfen maßen im Innendurchmesser 52 mm. Die Druckumlaufschmierung schöpfte ihr Motoröl aus einer tief ausgeformten Wanne, deren Füllvolumen insgesamt 4 Liter betrug. Der Antrieb der links vorn am Motorblock untergebrachten, geradverzahnten Zahnradölpumpe erfolgte mittels einer Welle (Durchmesser 11,9 mm) und einem ebenfalls geradverzahnten Antriebsrad (Durchmesser 36,4 mm). Diese über die Steuerkette mittels schrägverzahnten Zwischenrädern angetriebene Welle diente gleichzeitig auch als Verteilerwelle. Eine mechanische Benzinpumpe saß vorn links unterhalb des Zündverteilers.

Auf den ersten Blick wies die Ansaugseite des 190 SL-Triebwerks eine gewisse Ähnlichkeit mit derjenigen des 300 SL auf. Links hinter dem Motor befand sich ein voluminöses, schwarz lackiertes Naßluftfiltergehäuse, das über einen flexiblen Schlauch mit dem rechts vom Motor befindlichen, aus Aluminiumguß gefertigten Ansaugluftsammler verbunden war. Dieser saß direkt auf den Flanschen zweier Register-Flachstromvergaser vom Typ 44 PHH aus dem Hause Solex. Jedem Ansaugrohr kam entsprechend ein Lufttrichter zu, wobei jeweils zwei Trichter in einem Gehäuse zu einem Doppelvergaser zusamengefaßt waren. Die vier Drosselklappen befanden sich in einem Anstellwinkel von 13° jeweils vor jedem Ansaugrohr. Im unteren Drehzahlbereich öffneten sich jedoch nur die beiden Drosselklappen der ersten Stufe (eine Klappe pro Vergaser), so daß der sich daraus ergebende kleinere Strömungsquerschnitt (verglichen mit einem normalen Vergaser) eine höhere Luftgeschwindigkeit, und damit eine bessere Zerstäubung und Gemischbildung bewirkte. Die Drosselklappen der zweiten Stufe öffneten entsprechend dem anliegenden Unterdruck bei etwa 3000 Upm und erhöhten dadurch den Strömungsquerschnitt, so daß sich eine für höhere Drehzahlen optimierte, verbesserte Zylinderfüllung ergab. Jeder der Vergaser besaß für jede seiner Stufen eine Leerlaufeinrichtung, wobei die zweite Stufe jeweils über eine zusätzliche Übergangseinrichtung verfügte, um ein ruckfreies Einsetzen der zweiten Stufe zu gewährleisten.

Die als Membrankolbenpumpe ausgelegte Beschleunigungseinrichtung wurde über die Drosselklappe der ersten Stufe gesteuert, und drückte im Falle eines plötzlichen Gaspedalstoßes über ein kalibriertes Einspritzrohr zusätzlichen

Anders als beim 300 SL lag der Motor nicht um 50° geneigt im Motorraum, sondern stand vertikal angeordnet direkt hinter dem Kühler. Augenfälligster Unterschied zum Flügeltürer waren die statt der Einspritzanlage verwendeten Solex-Register-Flachstromvergaser. Diese Vergaser vom Typ 44 PHH (unten) erwiesen sich als komplexes Gemischaufbereitungssystem, das zur Justage eine überaus fachkundige Hand erforderte.

Trotz voluminösen Luftfilters und Ansaugluftsammlers bleibt ausreichend Platz für erforderliche Wartungsarbeiten. Luftsammler und Ventildeckel wurden in ihrer Oberfläche serienmäßig im Naturzustand belassen.

Kraftstoff in die Mischkammer. Um eine übermäßige Kraftstoffanreicherung in den einzelnen Mischkammern bei Schiebebetrieb zu unterbinden, strömte in der zweiten Stufe angesammelter Kraftstoff über einen Saugschlauch in die erste Stufe, von wo überflüssiger Kraftstoff mittels eines Überlaufrohrs ablaufen konnte. Ein Zugknopf am Armaturenbrett erlaubte mittels eines Bowdenzugs die Betätigung einer Warmstarteinrichtung, die bei heißem Motor verdampftes Benzin durch Öffnen der Drosselklappen der zweiten Stufe entweichen ließ.

Im September 1955 (ab Motornummer 121 921 55 00709) unterzog Daimler-Benz diese Vergaser einer Überarbeitung. Von nun an waren die Vergasergehäuse statt im Sandguß- im Druckgußverfahren hergestellt, wobei Drosselklappenteil und Schwimmergehäuse jetzt aus einem Stück gegossen und nicht mehr aneinandergeschraubt waren. Weitere Modifikationen betrafen die Leerlaufdüse der ersten Stufe, nun ersetzt durch eine Permanentbohrung, die unterhalb der Mischkammer in das Ansaugrohr mündete, sowie die Saugschläuche zwischen erster und zweiter Stufe, die jetzt als Metallröhrchen ausgeführt waren. Ebenfalls abgeändert wurde in diesem Zusammenhang die Bedüsung beider Vergaser.

Die verwendeten Solex-Vergaser erwiesen sich als überaus diffizile Angelegenheit, wenn es um ihre Justage ging, und das selbst für gestandene Automechaniker. Ihr Aufbau war ungewöhnlich komplex, und so verwunderte es nicht, daß zahlreiche Besitzer ihren 190 SL lieber nervenschonende Weber-Vergaser spendierten. In einem Testbericht des Jahres 1961 der Zeitschrift *Sports Car Graphic* kommentierten diese Problematik folgende Worte: „Seit Jahren stehen wir in angeregter Diskussion mit den Werksvertretern über die Register-Vergaser von Solex. Schwerpunkt waren dabei die Probleme, den Einsatz der zweiten Stufe optimal abzustimmen – um es einmal sehr vereinfacht auszudrücken. Motorentuner, aber auch die Werksmechaniker selbst, standen angesichts dieser Problematik oft schon vor einem Nervenzusammenbruch. Der größte Teil der Schwierigkeiten scheint jedoch nun endgültig beseitigt. Die Temperaturen unter der Motorhaube erreichen noch immer hohe Werte, und der große Aluminiumluftsammler existiert nach wie vor, doch der Motor läuft rund, verbrennt keine Zündkerzen, zündet nicht nach und springt unter allen normalen Betriebszuständen an, und vor allem hält er seine Justage über eine akzeptable Zeitspanne."

Das Kühlsystem des Motors ist vollständig nach konventionellem Baumuster aufgebaut. Anfänglich erlaubten abnehmbare Verschlußplatten an Kanalenden des Kühlmantels eine Reinigung der Kühlkanäle, ab 1961 jedoch änderte man die Druckfgußformen und verzichtete von dort an auf diese Möglichkeit. Interessanterweise integrierten die Konstrukteure in den Ansaugkrümmer ebenfalls einen Kühlmantel. Kühlwasserpumpe und vierblättriger Aluminium-Lüfter saßen auf einer gemeinsamen Welle, deren Riemenscheibe über einen Keilriemen mit derjenigen der Kurbelwelle verbunden war. Ebenfalls an der Motorstirnseite zu finden war ein Kühlwasserthermostat mit Dehnstoffelement. Die Füllkapazität des Kühlsystems betrug insgesamt 10 Liter.

Rechts am Zylinderkopf mündeten die Auslaßkanäle in einen dreirohrigen Auspuffkrümmer (das mittlere Rohr war dabei für Zylinder Zwei und Drei zuständig), der in ein gemeinsames Flammrohr überging. Ein Vorschalldämpfer ungefähr in Wagenmitte und ein quer unter dem Fahrzeugheck angeordneter Hauptschalldämpfer komplettierten die Auspuffanlage. Das Endrohr saß dabei links unterhalb der Heckschürze.

Während der gesamten Bauzeit erfuhr der 190 SL zwar diverse Modifikationen, seine Leistungswerte aber blieben nahezu unverändert. Diejenigen, die wiederholt ein druckvolleres Auftreten des luxuriösen Roadsters verlangten, mißverstanden den „kleinen" SL vollkommen. Als sportlicher

Tourer und nicht als reinrassiger Sportwagen konzipiert, erfüllte er seine Aufgabe mit außerordentlicher Bravour. In ihrem Testbericht des Jahres 1960 schrieb die Zeitschrift *Road & Track* dazu: „Knappe 130 km/h sind als Reisegeschwindigkeit auf Highways ideal, dem Komfortanspruch wird damit mehr als Genüge getan, und vor allem stellt diese Dauerbeanspruchung für den Wagen keinerlei Problem dar, sie tut der Langlebigkeit des Triebwerks sowie auch den Fahreigenschaften keinen Abbruch. Die bekannten Reihenvierzylindermotoren von Mercedes sind nicht nur für Dauerdrehzahlen von 6000 Upm ausgelegt, sondern vertragen sie auch klaglos – sollte man der Ansicht sein, dies durch einen rennmäßigen Einsatz in Indianapolis unter Beweis stellen zu müssen. Maximaler Leistungspunkt und effektive Höchstgeschwindigkeit (5700 Upm und 170 km/h) liegen dicht beieinander. Dies deutet hin auf ein gut ausgewähltes Übersetzungsverhältnis, das, kombiniert mit der bekannten Ausdauer der Stuttgarter Erzeugnisse, Garant für eine lange Lebensdauer ist – vorausgesetzt, man bewegt den Wagen nur so schnell wie es das Gesetz erlaubt."

Kraftübertragung

Ebenso solide und langlebig wie die übrigen Komponenten des 190 SL, erwies sich auch Daimler-Benz' hauseigenes Vierganggetriebe mit Zwangssynchronisierung in allen vier Vorwärtsgängen.

Das Getriebegehäuse hatte man in Grauguß gefertigt, während der Gehäusedeckel in Elektron (ab 1957 Silumin) und die Kupplungsglocke in Aluminium gegossen waren. Ein Graugußgehäuse beherbergte das Differential, konventionell aufgebaut mit Tellerrad und Ausgleichskegelrad, das die Antriebskraft mittels zweier Verschiebe-Kreuzgelenke auf die Halbwellen der Hinterachse übertrug. Die Einscheiben-Trockenkupplung von Fichtel & Sachs des Typs SZP wies einen Durchmesser von 200 mm auf und stammte aus der Limousine Typ 180. Die Belagstärke der Reibscheibe betrug unbelastet 10,3 mm, belastet 9,1 mm. Die anfänglich von Rusko zuglieferten Beläge wurden ab 1957 auf der dem Schwungrad zugewandten Scheibenseite durch Belagmaterial von Klinger ersetzt.

Das Getriebe war anfänglich folgendermaßen übersetzt: 1. Gang 3,41 : 1, 2. Gang 2,: 1, 3. Gang 1,29 : 1, 4. Gang 1 : 1, Rückwärtsgang 3,2 : 1. Der Achsantrieb wies dabei ein Verhältnis von 3,7 : 1 auf. Ab Getriebenummer 1251 kamen im November 1955 folgende Abstufungen zum Einbau: 1. Gang 3,52 : 1, 2. Gang 2,32 : 1, 3. Gang 1,52 : 1, 4. Gang 1 : 1, Rückwärtsgang 3,2 : 1, Achsantrieb 3,9 : 1 (optional 4,1 : 1). Ab Januar 1962 erhöhte man die Zahnradbreite des zweiten Gangs von 16 auf 17 mm, verringerte aber in gleichem Zuge die Breite des dritten Gangs von 20,5 auf 19,5 mm. Im November 1962 führte man ab Getriebenummer 26066 eine Dichtung zwischen Getriebegehäuse und -deckel ein.

Die Mehrzahl der Fachjournalisten, die den 190 SL einem Test unterzogen, spendeten dem Getriebe nur Worte des Lobs. So war im Testbericht des Jahres 1960 von *Road & Track* denn auch zu lesen: „Der Schaltknüppel sitzt genau an der richtigen Stelle, und die Synchronisierung arbeitet optimal, selbst bei schnellen Schaltvorgängen. Der erste Gang ist recht kurz übersetzt, und man kann bei ganz langsam dahinrollendem Wagen durchaus auch aus dem zweiten Gang hochbeschleunigen. Dennoch ist es nicht empfehlenswert, im Zweiten aus dem Stand anzufahren, zumal der Motor mit seiner erst bei recht hoher Drehzahl anstehenden Maximalleistung nicht unbedingt für untertourige Fahrweisen ausgelegt ist. Trotzdem weist der Wagen im direkten Gang einen überzeugenden Durchzug auf. Wir konnten aus knappen 20 km/h (bei 650 Upm) ruckfrei hochbeschleunigen, ohne dabei allerdings das Gaspedal voll durchzutreten." Auf Kritik seitens der Fachpresse (und vermutlich nicht nur der) stießen die Gummimanschetten der Kreuzgelenke zu beiden Seiten des Differentials: „Die Deutschen waren zwar die Ersten, Gummi auf synthetischem Wege herzustellen, doch scheint ihnen der Einsatz solcher Materialien wie Neopren oder Thiokol noch zu widerstreben. Die verbauten Manschetten versagten ihren Dienst schon nach weniger als zwei Jahren, ein fataler Defekt, der, wenn man ihn nicht bemerkt, das Differential trockenlaufen läßt – eine durchaus teure Angelegenheit, die jede Markentreue auf eine harte Zerreißprobe stellt. Aus Vorsicht sollten die Manschetten deshalb jährlich gewechselt werden."

Links vorn am Motorblock befanden sich sehr dicht beieinander angeordnet Zündverteiler, Kraftstoffpumpe und Zündspule. Dieser Wagen ist allerdings mit einer moderneren Spulenausführung nachgerüstet worden.

Radaufhängungen

Der 190 SL bediente sich bezüglich seiner mechanischen und auch anderen Komponenten ausgiebig bei der Limousine Typ 180, so auch bei den Radaufhängungen.

Vorn verbaute Daimler-Benz Dreieckslenker ungleicher Länge, Schraubenfedern und Teleskopstoßdämpfer sowie einen Querstabilisator mit einem Durchmesser von 20 mm. Die Federn waren an beiden Enden in Gummi gelagert und besaßen innenliegende Stoßdämpfer des Typs Tov 36 × 130 von Fichtel & Sachs. Kunden in Ländern mit schlechten Straßenverhältnissen konnten optional auch verstärkte Ausführungen von Stabilus vom Typ T 50 × 130 / 15 ordern. Als Vorderachse fungierte ein Fahrschemel aus Preßstahlblech mit Dreipunkt-Lagerung. Zwei Befestigungsschrauben waren über Silentblöcke zu beiden Seiten der Motorstirnwand mit dem Rahmen verschraubt, während der dritte Lagerpunkt sich an einem speziellen Halbrundkörper unterhalb des Kühlers befand. Der schwarz lackierte Fahrschemel diente gleichzeitig auch als Montageplattform für Triebwerk und Lenkgetriebe, die gegen die Übertragung von Vibrationen ebenfalls in Silentblöcken gelagert waren.

Die Hinterradaufhängung setzte sich aus Schraubenfedern, Telekopstoßdämpfer sowie einer Eingelenk-Pendelachse mit Schubstreben zusammen. Die Federn saßen dabei direkt am hinteren Ende der Schubstreben, ebenso wie an der Vorderachse in Gummi gelagert und mit innenliegenden Stoßdämpfern versehen. Serienmäßig wurden auch hier Dämpfer von Fichtel & Sachs und optional Dämpfer von Stabilus eingesetzt. Jede der beiden Achswellen war mit dem

Differential über Gummimanschetten verbunden, mit dem Radnabenkörper jedoch verschraubt.

Die Hinterradaufhängung verwöhnte die Insassen mit einer komfortablen Abstimmung, die auch schlechte Straßenverhältnisse bravourös zu meistern wußte. Damalige Autotester ließen sich jedoch nicht so ganz von der Eingelenk-Pendelachse des 190 SL überzeugen. *Sports Car Graphic* bemerkte im Testbericht des Jahres 1961 dazu: „Überzeugt die Straßenlage des 190 SL im normalen Fahrbetrieb, so stellt sich bei zügiger, sportlicher Fahrweise sehr bald Enttäuschung ein. Der Wagen neigt zu extrem starkem Übersteuern, und versucht man dies im Drift auszugleichen, so bricht er einfach aus." Kritik wie diese war damals durchaus an der Tagesordnung, und Daimler-Benz kam nicht umhin, sich dieser Problematik anzunehmen. Doch erst der 230 SL sollte diesem Spuk ein Ende bereiten.

Lenkung

Daimler-Benz stattete den 190 SL mit der hauseigenen Kugelumlauflenkung aus, kombiniert mit Lenkstockhebel, ungleich langen Spurstangen und hydraulischem Lenkungsdämpfer.

Geführt unter der Typenbezeichnung LO, entsprach das Lenkgetriebe demjenigen der 180er Limousine, unterschied sich aber in einigen Punkten von der später an 230 SL und Typ 220 eingeführten Lenkung des Typs LO1. Während die LO in ihren Umlauflagern mit 62 Kugeln auskam, verwendete die LO1 72 Kugeln. Die Lenkschraube lief dabei in Kegelrollenlagern (beim 230 SL Zylinderrollenlager) und wies in den Nuten einen Durchmesser von 19,6 mm auf. Das zulässige Spiel der Lenkschraube betrug 0,00 – 0,01 mm. Die Verbindung zwischen Spurstangen und Achsschenkeln erfolgte über Spurhebel und Kugelgelenke.

Der Lenkungsdämpfer vom Typ T 20 × 135/5 von Stabilus wies eine komprimierte Länge von 253 mm, einen Kolbenstangendurchmesser von 23 mm und einen Außendurchmesser von 29,5 mm auf. Man kann heute im Zuge einer Restaurierung durchaus auf den Dämpfer der Limousine Typ 180 (T 20 × 150/15) zurückgreifen, doch dann wäre die Originalität eines 190 SL nicht mehr gewährleistet. Diese Erwägung dürfte allerdings nur selten in Betracht zu ziehen sein, da der Lenkungsdämpfer nahezu keinem Verschleiß ausgesetzt ist.

Der Sturz der Vorderräder betrug (belastet) ca. 0° 45′, die Vorspur (belastet) 0 – 2 mm, der Nachlauf 4° 30′ und die Spreizung 5°. Die Lenkübersetzung entsprach am Lenkrad 3,5 Umdrehungen von Anschlag zu Anschlag, der Wendekreis belief sich auf 11 m.

Ebenso wie bei den 300 SL-Ausführungen mit Kugelumlauflenkung arbeitete die Lenkung des 190 SL mit außerordentlich wenig Spiel, so daß das gesamte Lenksystem mit einem sehr präzisen und direkten Lenkgefühl überzeugen konnte. Aber auch in diesem Zusammenhang wurden kritische Stimmen laut, wie beispielsweise 1958 in einem Testbericht von *Motor Life*: „Fahrten über kurvenreiche Gebirgsstraßen zeigen sehr bald die Schwergängigkeit der Lenkung auf.

Die Lenkung fühlt sich zu jeder Zeit etwas steif an, doch dieser Umstand macht sich nicht allzu deutlich bemerkbar, es sei denn, enge Kurven werden durchfahren. Dies dürfte aber teilweise am verbauten Lenkungsdämpfer liegen, der ja dazu dient, in das Lenkgestänge eingeleitete Straßenunebenheiten zu absorbieren."

Bremsen

Die hydraulische Bremsanlage aus dem Hause Ate war ganz konventionell aufgebaut und verfügte über Alfin-Innenbackenbremsen an allen vier Rädern. Die Bremstrommeln präsentierten sich im Gegensatz zum 300 SL (Aluminium mit eingeklebten Stahlringen) gänzlich in Grauguß. Wie auch beim 300 SL sorgte eine intensive Außenverrippung für zusätzliche Kühlung der Trommeln. Obwohl der 300 SL Roadster in seiner späten Produktionsphase noch auf Scheibenbremsen umgerüstet wurde, blieb dem 190 SL diese Segnung der Bremsentechnologie versagt.

Die vorderen Bremstrommeln verzögerten über jeweils zwei Primärbacken, wohingegen sich die hinteren Trommeln mit jeweils einer Primär- und Sekundärbacke begnügen mußten. Die Backen wiesen an allen Rädern eine Breite von 65 mm auf und verfügten über eine Selbstnachstellung. Die zulässige Mindestbelagstärke betrug 1,5 mm. Der Innendurchmesser der Trommeln lag bei 230 mm, die Verschleißgrenze bei 231 mm und die maximal zulässige Unrundheit bei 0,02 mm. Der Kolbendurchmesser der Radbremszylinder belief sich vorn auf 1 1/8 Zoll (28,58 mm) und hinten auf 15/16 Zoll (23,81 mm). Die Handbremse wirkte per Seilzügen auf die hinteren Bremstrommeln.

Ab Juli 1955 nahm Daimler-Benz die zuvor nur optional lieferbare Bremshilfe des Typs T50 aus dem Hause Ate in die Serienausstattung des 190 SL auf. Das an der Motorspritzwand in Nähe des Luftfilterkastens angebrachte Servosystem arbeitete nach dem Unterdruckprinzip, das den Unterschied zwischen Umgebungs- und Ansaugunterdruck nutzte, um den über das Bremspedal im Hauptbremszylinder (Durchmesser 1 1/16 Zoll bzw. 26,99 mm) aufgebauten Druck zu verstärken. Das Filterelement des Bremsservos war dabei alle 18 000 km auszutauschen.

In der Zeitschrift *Autosport* lobte John Bolster die Bremsanlage des 190 SL mit den Worten: „Sie erfordern geringen Kraftaufwand, sind jedoch enorm leistungsfähig. Auf dem bergigen Rennkurs von Montlhéry vermochte ich es nicht, sie in den Fadingbereich zu bringen, obwohl sie nach einer Vollbremsung aus Höchstgeschwindigkeit leichte Vibrationen produzierten."

Der 230 SL, 250 SL & 280 SL

Im März des Jahres 1963 sorgte Daimler-Benz anläßlich des Genfer Salons für ein sensationelles, wenn auch kontroverses Debüt im Rahmen seiner Sportwagenreihe. Der neue 230 SL trat zwar die Nachfolge seiner Urväter 300 SL und 190 SL an, schlug dabei jedoch eine etwas andere Marschrichtung ein, die in seiner Debütphase allerdings für ausreichend Diskussionsstoff sorgte. Basierend auf der Limousine Typ 220 SE, griff der neue Sportwagen harmonisch die Grundparameter der SL-Linie auf, verzichtete dabei gleichzeitig aber auf die üppigen und rundlichen Formen seiner Vorgänger. Die SL-typische Frontansicht mit vertikal stehenden Leuchteinheiten, flachem Kühlergrill und prägnantem Stern in der Mitte identifizierte den Wagen zwar noch immer als echten Mercedes, sein Erscheinungsbild hingegen beschritt gänzlich neue, auf eine moderne Ära hin konzipierte Wege.

Viele seiner charakteristischen Merkmale, einschließlich der für Furore sorgenden Dachkonstruktion (aufgrund ihrer Form erhielt der 230 SL schon bald den Beinamen „Pagode"), entstammten dem Ideenreichtum von Bela Barényi, seines Zeichens Leiter von Daimler-Benz' Vorversuchsabteilung. Ausgelegt für eine maximale Dachlast von 1000 kg, und erstmals am Prototypen W 111 installiert, entstand das „Pagodendach" als Ergebnis von Barényis Forschungen im Bereich aktiver und passiver Sicherheit.

Die großflächigen Fensterscheiben erlaubten eine optimale Rundumsicht, und dem Fahrer damit, mögliche Gefahrenquellen frühzeitig wahrzunehmen und entsprechend zu reagieren, während die enorme Stabilität der Dachkonstruktion den Insassen im Falle eines Unfalls zusätzliche Sicherheit spendete.

Angeboten wurde der 230 SL gleich zu Produktionsbeginn in drei Ausführungsvarianten: Roadster, Hardtop-Coupé mit nachrüstbarem Faltverdeck und Hardtop-Coupé. Das neue sechszylindrige 2,3-Liter-Antriebsaggregat erbrachte ausgezeichnete Fahrleistungen, doch Daimler-Benz' Hauptaugenmerk galt in der Enstehungsphase des neuen SL in erster Linie der Fahrwerksentwicklung. Dringlichstes Problem war für Rudi Uhlenhaut in diesem Zusammenhang ohne Zweifel die Entwicklung einer hochwertigen Bereifung, die den sportlichen Fahrleistungen ausreichend Reserven entgegenzusetzen hatte.

Zum damaligen Zeitpunkt führend auf dem Gebiet radialer Reifentechnologie war der französische Hersteller Michelin, dessen Reifentyp „X" zwar die Fahreigenschaften gewöhnlicher Limousinen in andere Dimensionen hob, angesichts des 300 SL und der mit diesem Wagen erreichbaren Geschwindigkeiten von über 200 km/h jedoch recht schnell seine Grenzen aufgezeigt bekam. Es war daher nicht verwunderlich, daß Rudi Uhlenhaut den Reifenfirmen gegenüber wiederholt die Entwicklung eines Reifentyps antrug, der den Anforderungen potenter Sportwagen gewachsen war. Resümierend kann ohne Übertreibung gesagt werden, daß der 230 SL in seiner Fahrwerkskonzeption ganz auf die Verwendung von Radialbereifung zugeschnitten wurde. Als Uhlenhaut endlich seine Forderungen erfüllt sah, ging er zum nächsten Schritt über, einen neuen Typus von Sportwagen zu kreieren, der genau jene Ära widerspiegeln sollte, deren Anbruch sich gerade abzuzeichnen begann.

Zu Beginn des Jahrzehnts reduzierte die Rennsportkommission das Motorvolumen in der Formel 1 zwar von 2,5 auf

Der SL der zweiten Generation machte in jeder Hinsicht eine gute Figur. Angeboten wurde der 230 SL in drei Ausführungsvarianten: Roadster (mit Faltverdeck), Hardtop-Coupé (mit Faltverdeck) und Hardtop-Coupé mit nachrüstbarem Faltverdeck. Ebenso wie beim 190 SL setzte Daimler-Benz auch beim neuen SL auf eine selbsttragende Karosserie mit Türen, Motorhaube und Kofferraumdeckel aus Aluminium.

Die geniale Kombination von Bracq/Barényi, zuständig für die unter Sicherheitsaspekten entwickelte Karosserie (allein das Dach vermochte einer Last von 1000 kg zu widerstehen), und Uhlenhaut, zuständig für die technische Konzeption (insbesondere des Fahrwerks), waren die Grundlage für ein zeitloses Automobil, das von seinem Debüt als 230 SL im Jahre 1963 bis zu seinem Abtritt als 280 SL im Jahre 1971 nur geringfügigen Modifikationen unterworfen werden mußte.

Relativ tiefer Schwerpunkt, breite Spur und neuartige Radialreifen erwiesen sich genau als die richtigen Schmankerl, die dem 230 SL im Jahre 1963 zu beinahe konkurrenzlosen Fahreigenschaften verhalfen. Dieses Exemplar befindet sich im Besitz von Vic Gill.

1,5 Liter, die Fahreigenschaften jedoch verbesserten sich deutlich, da das Triebwerk nun nicht mehr vor, sondern hinter dem Fahrer plaziert war. Die Motorleistung sank, die Rundenzeiten aber wurden aufgrund der besser werdenden Fahrwerke immer schneller. Uhlenhaut war der Überzeugung, daß seine Sportwagen die im Laufe der Jahre erreichten, aktuellsten Standards im Motorsport reflektieren sollten, und so plante er die Entwicklung eines relativ hubraumschwachen Fahrzeugs, das in erster Linie aufgrund seiner exzellenten Fahreigenschaften, nicht jedoch seiner Motorleistung, die Sportwagen der Vergangenheit zu übertrumpfen vermochte.

Firestone-Phoenix und Continental erhielten den Auftrag, einen Radialreifen zu entwickeln, der ein tiefes Laufflächenprofil, einen breiten Querschnitt sowie eine verstärkende und gleichzeitig schützende, umlaufende Flankenrippe aufzuweisen hatte. Diese Konstruktionsparameter sollten vor allem der Verbesserung der Straßenlage und optimierten Übertragung der Lenkkräfte dienen. Uhlenhaut erhielt schließlich, was er verlangt hatte, und so glänzte der 230 SL schon recht bald mit einer der besten, wenn nicht gar *den* besten Fahreigenschaften seiner Zeit, obwohl er von der Automobilwelt ja eigentlich mit sehr gemischten Gefühlen aufgenommen worden war.

Es wurden Kritiken laut, daß der 230 SL sicherlich nicht den Titel Sportwagen verdiente, und wenn überhaupt, dann gewiß nicht unter dem Deckmantel „Super-Leicht", wie seine Namensbezeichnung suggerierte. Vor allem aber war er nur ein Schatten jener Originale, deren Nachfolge er anzutreten beabsichtigte. Ja, und da war noch seine Eleganz, die einem Aufstieg in elitäre Sportwagenhöhen entgegenstand. Doch sämtliche Kritiken verstummten, nachdem jeder Fachjournalist, der den neuen SL fuhr, erkennen mußte, daß Uhlenhaut genau jenen Wagen realisiert hatte, der ihm von seiner Konzeption als Optimum vorgegeben worden war. Die simple Wahrheit über den 230 SL war, daß man in ihm von A nach B, insbesondere bei schlechten Straßenverhältnissen, in kürzerer Zeit gelangen konnte als mit einem 300 SL – und das bei erheblich weniger strapazierten Fahrernerven. Uhlenhaut war es gelungen, einen neuen Klassiker zu kreieren, wenn auch mit einem vollkommen anderen Ansatz.

Der Produktionszeitraum des neuen SL erstreckte sich insgesamt über acht Jahre, in denen der Wagen kontinuierlich überarbeitet und weiterentwickelt wurde. Die Nachfolge des 230 SL trat im Dezember 1966 der 250 SL an, auf den bereits zwölf Monate später, im Dezember 1967, der 280 SL folgte. Der Anteil der stetig wachsenden SL-Produktion, die ja eigentlich auf einem Grundmodell mit stetig wachsendem Hubraumangebot basierte, der in das schon damals nicht nur für deutsche Sportwagen wichtigste Exportland, die USA, geliefert wurde, hielt sich beim 230 SL zwar noch in Grenzen (4752 von 19 831 Einheiten), stieg beim 250 SL dann bereits auf 1716 von 5196 Einheiten, um

Nur ein geübter Beobachter wird bemerken, daß aus dieser Perspektive der einzige Unterschied zwischen 230 SL und 280 SL die einteiligen Radblenden sind.

Die Karosseriedesigner legten aus Gründen optimierter Rundumsicht bewußt Wert auf eine großflächige Verglasung, senkten aber in gleichem Zuge den Mittelteil der Dachkonstruktion ab, um den Wagen nicht zu „kopflastig" wirken zu lassen. Dieser frühe, im Besitz von Val und Vernon Cox befindliche 280 SL zählt zu jenen Exemplaren, die ohne Mittelstück in der hinteren Stoßstange ausgeliefert wurden.

In der Version ohne Faltverdeck und Verdeckschachtabdeckung erwies sich der SL als vollwertiger 2+2-Sitzer, der über eine richtige, wenn auch kleine Rücksitzbank verfügte, die sich sogar als Ablagefläche für zusätzliches Gepäck herumklappen ließ (wie hier im Bild zu sehen).

280 SL
AUTOMATIC
VLO 41G

Dieser 280 SL späteren Baudatums ist mit den attraktiven Leichtmetallrädern ausgerüstet, die ab 1969 als aufpreispflichtiges Extra lieferbar waren. Das springende Pferd rechts am Kofferraumdeckel ist nicht etwa ein entfremdetes Ferrari-Signet, sondern Teil von Stuttgarts Stadtwappen.

beim 280 SL schließlich mehr als die Hälfte des Produktionsvolumens auszumachen (12 927 von 23 885 Einheiten).

Karosserie

Liebhaber des 230 SL sind der Überzeugung, daß sein von Paul Bracq fantastisch in Szene gesetztes, zeitloses Design aufgrund seiner kantigen, aber sensiblen Linienführung noch heute absolute Gültigkeit besitzt. Dieser Meinung dürften wohl auch die Verantwortlichen in Daimler-Benz' Designabteilung und Vorstandsetage gewesen sein, da die Karosserie über die gesamte Bauzeit von 1963 bis 1971 nahezu unangetastet blieb.

Wie beim 190 SL setzten die Stuttgarter auf eine Karosserie in selbsttragender Bauweise, da dieses Konstruktionsprinzip schneller, kostengünstiger und einfacher zu realisieren war als der Gitterrohrrahmen des 300 SL. Der Vorderbau setzte sich zusammen aus jeweils zwei Außen- und zwei Innenkotflügeln, verbunden vorn über eine Frontmaske mit großflächiger Kühleröffnung, hinten über Motorspritzwand und Windlauf mit einem Ausschnitt für den Frischlufteintritt. Die Außenkotflügel wiesen Ausschnitte für die Leuchteinheiten auf, an die von hinten separate Lampentöpfe angeschweißt waren.

Die Spritzwand lief zu beiden Seiten in untere und obere A-Säulen aus, zwischen denen später der verchromte Windschutzscheibenrahmen eingefügt wurde, und war angeschweißt an die beiden Innenkotflügel. Das Armaturenbrett bestand aus einem separaten Blech, das mit entsprechenden Ausschnitten für Instrumente, Schalter und Kabelbaum versehen war.

In typischer Mercedes-Benz-Tradition präsentierte sich die Rahmenbodenanlage, einfach aufgebaut und verwindungssteif. Am recht kurzen Kardantunnel, der sich vorn zur Aufnahme des Getriebegehäuses weitete, waren zu beiden Seiten Bodenbleche angeschweißt, auf denen Montagebleche für die Sitzschienen saßen. Vorn schloss sich links und rechts des Mitteltunnels jeweils ein schräg nach oben auslaufendes Fußraumblech an. Vorn unterhalb der Sitze verlief ein Querträger von Schweller zu Schweller, im hinteren Sitzbereich unterstützt durch einen weiteren Querträger deutlich größeren Querschnitts. An der Bodengruppe hinten angesetzt war ein Fondbodenblech, das sich über die Hinterachse bis hin zum Kofferraumboden schwang. Innen- und Außenschweller formten jeweils ein kastenförmiges Profil, an das sich hinten auf jeder Seite, etwas nach innen versetzt, ein Längsträger anschloß und über die Hinterachse bis ins Fahrzeugheck erstreckte. Zwischen diesen beiden Trägern und dem Fondblech war das Bodenblech des Kofferraums eingeschweißt. Jeweils links und rechts des Motorraums lief ein Längsträger entlang der Unterkante des Innenkotflügels bis hin zum Schweller. Zwischen diesen Längsträgern diente ein kräftig dimensionierter Hilfsrahmen, an welchem Triebwerk und Radaufhängungen montiert waren, als verbindendes Element.

Im Fond diente ein großes Querblech als Trennwand zwischen Koffer- und Fahrgastraum, geschweißt zwischen die beiden, jeweils aus zwei Blechteilen zusammengefügten

Eine Pagode überzeugt optisch nicht nur als offener Roadster, sondern ebenfalls mit aufgezogenem Faltverdeck. Dieser makellose 280 SL, ausgerüstet mit den optional erhältlichen Schmutzfängern, ist im Besitz von Nick Kisch. Die Karosserie des SL verfügt auch ohne aufgesetztes Hardtop über eine enorme Verwindungssteifigkeit, und das selbst bei extremsten Straßenbedingungen.

Innenkotflügel. Eine abnehmbare Klappe für den Verdeckschacht war über Scharniere am Querblech befestigt. Die Außenkotflügel waren direkt an den B-Säulen angeschweißt, an der Außenhaut untereinander verbunden über das Windlaufblech. Die hintere Verbindung stellten Heckblech und -schürze dar, an beiden Enden mit jeweils einem Teilausschnitt für die Rückleuchten versehen (der andere Teil des Leuchtenausschnitts fiel entsprechend in die Kotflügelspitzen).

Türen, Motorhaube und Kofferraumdeckel hatte man aus Gewichtsgründen in Aluminium gefertigt. Haube und Deckel waren doppellagig ausgeführt und von der Unterseite in Wagenfarbe lackiert. Wie bei Sportwagen oftmals üblich war die Motorhaube mittels zweier Scharniere an der Frontmaske angeschlagen, während der Kofferraumdeckel seine Scharniere konventionell am hinteren Windlauf hatte. Ein vorn unter der Motorhaube quer angeordneter, schwarz lackierter Drehstab hielt die Haube durch zusätzliche Federkraft sicher in geöffneter Position. Die beiden vorn angeschlagenen Türen wiesen nur eine einlagige Außenhaut auf, die auf einen Alugußrahmen aufgezogen war. Sehr leicht, aber außerordentlich robust, erweckte die Rahmenkonstruktion den Eindruck, einen integrierten Seitenaufprallschutz zu besitzen, der 1963 zwar ein absolutes Novum darstellte, jedoch von den Konstrukteuren vermutlich nicht unbedingt als solcher beabsichtigt gewesen sein dürfte.

Bei Daimler-Benz hauseigen hergestellte Aluminiumbleche der Karosserie sowie auch das Hardtop trugen eingeprägt die Karosserienummer bzw. offiziell betitelt „Aufbaunummer". Diese Nummer setzte sich aus den vier letzten Ziffern der Fahrgestellnummer zusammen, die auf einer Plakette im Motorraum zu finden war. Diese Nummer erweist sich insofern als sehr wichtig, da sie für die Bestellung von entsprechenden Ersatzblechen erforderlich ist. Unterschiedliche Nummern würden deshalb erheblich die Originalität eines Fahrzeugs schmälern.

Exportfahrzeuge für die USA rüstete Daimler-Benz mit diesen Leuchteinheiten aus, deren Blink- und Standlicht unter einer separaten Streuscheibe untergebracht waren. Weißwandreifen zählten in den USA zu den beliebtesten Zubehöraccessoires, die seitlichen Blinkleuchten hingegen waren gesetzlich bestimmte Realität.

Das wunderbar gearbeitete Faltverdeck wurde in verschiedenen Farbtönen angeboten. Der strapazierfähige Mohair-Stoff war dabei aufgezogen auf ein Gestänge aus geschmiedetem Stahl, während eine Plastikfolie als Heckfenster diente. Genial gelöst zeigte sich der Klappmechanismus, der, sobald man Verdeckschacht und Verdeckhaltebügel hochgeklappt hatte, die gesamte Verdeckkonstruktion „abtauchen" ließ. Die auf diese Weise entschlackte Heckpartie des Fahrzeugs überzeugte durch eine flüssige, sportive Linienführung.

Voluminöse Stoßstangenhörner mit dicken Gummipuffern schadeten weniger der Optik des SL, als vielmehr auffahrenden Verkehrsteilnehmern. Daimler-Benz bot die Hörner jedoch erst in der Spätphase des 280 SL als aufpreispflichtiges Extra an. Das Holzlenkrad von Nardi war ein zur damaligen Zeit gängiges Accessoire.

Wie alle Teile eines Mercedes-Benz war auch die Abdeckklappe des Verdeckschachts perfekt in Ausführung und Paßform (oben). Das Platzangebot im Fond des SL entsprach mit seiner Großzügigkeit dabei nicht unbedingt dem damals herrschenden Sportwagenstandard. Dieser im Originalzustand erhaltene, wenn auch wettergegerbte Aufkleber (Mitte) enthält in Kurzform die wichtigsten Hinweise zur Verdeckbetätigung. Ein zusätzlicher Hinweis warnt ausdrücklich davor, das Verdeck in nassem Zustand zu verstauen. Entsprechend Daimler-Benz' bisherigen Verdeckkonstruktionen wies auch das Verdeck des neuen SL einen Außenbezug aus kräftigem Mohair auf, innen ohne Zwischenlage mit einem feineren Himmelstoff ausgekleidet (unten).

Im Oktober 1964 unterzog Daimler-Benz die hintere Innenkarosserie einer Überarbeitung, die die Unterbringung des Reserverads betraf. Das Rad stand jetzt nicht mehr links im Kofferraum, sondern lag nun flach in der rechten Kofferraumhälfte, so daß die Reserveradmulde aus der Kofferraumwanne herausgenommen werden konnte. Ursprünglich erfolgte die Arretierung des Rads über eine Schraube an einer Halterung, ab 1964 jedoch wechselte man zu einem kurzen, vertikalen Tragrohr, auf dem das Rad mittels eines konisch zulaufenden Drehgriffs angeschraubt wurde. Eine der Radform angepaßte Schutzhülle diente gleichzeitig auch der Unterbringung der serienmäßig mitgelieferten Werkzeugtasche. Wagenheber und Radmutternschlüssel fanden sich an speziellen Halterungen unterhalb des Rads montiert.

Ab Januar 1965 unterzog man die Vorderkotflügel einer Modifikation, bei der die Radläufe zur Unterbringung breiterer Reifen geringfügig abgeändert wurden. Im November desselben Jahres erforderte die Umstellung auf einen größeren Kraftstofftank die Überarbeitung von Kofferraumwanne, davor angeordnetem Querträger sowie linkem und rechtem Längsträger. Dabei wurde das bisherige Fassungsvolumen von 65 Litern auf stattliche 82 Liter aufgestockt.

Ebenso wie zahlreiche andere Automobilhersteller auch behandelte Daimler-Benz die Fahrzeuge vor der Auslieferung zwar mit einem Unterbodenschutz, hielt weitergehende Schutzmaßnahmen jedoch in Grenzen. Ab Mitte 1970 erhielt der 280 SL zusätzlich eine Hohlraumversiegelung in den Hauptträgern des Rahmenbodens, eine Maßnahme, die bei heutigen Restaurierungen für gewöhnlich durch Konservierung aller Hohlräume ergänzt wird.

Verdeck & Hardtop

Das Faltverdeck präsentierte sich als einfach aufgebaute Konstruktion mit einem Gestänge aus geschmiedetem Stahl, einem Mohair-Bezugsstoff und einer Heckscheibenfolie. Ab

November 1964 ergänzte man das Gestänge durch zusätzliche Schleppspriegel, die ein „Aufblasen" des Verdeckstoffs bei hohen Geschwindigkeiten vermeiden sollten. Vorn wird die Dachkappe des Verdecks über zwei Spannverschlüsse in den Frontscheibenrahmen eingehakt, während hinten die beiden Spanner des Verdeckhaltebügels in entsprechende Beschläge direkt hinter den B-Säulen greifen. Wurde bei 230 SL und 250 SL das Verdeck noch mit fest installierten Spannern ausgeliefert, so waren sie beim 280 SL abnehmbar und wurden in einer speziellen Tasche dem jeweiligen Auto beigelegt. Zu keiner Zeit der Produktion verfügte das Faltverdeck über seitliche Fensterfolien, jedoch rüsteten Fahrzeugbesitzer solche (auf dem Zubehörmarkt erhältliche) Folien nach. Dem Daimler-Benz-Standard entsprach die einfache Bedienung des Verdecks, die detaillierte Anleitung im Fahrerhandbuch allerdings auch – zu beachten waren nicht weniger als 11 einzelne Schritte.

Das Hardtop fertigte Daimler-Benz aus Stahlblech, kombiniert mit Glasscheiben von Sekurit. Charakteristisches Merkmal – und gleichzeitig auch Stein des Anstoßes – war die eigenwillige Formgebung der Dachhaut. Die tiefgezogene Mittelpartie des Dachs sorgte auch recht bald für einen, zugegebenermaßen überaus passenden Spitznamen: „Pagode". Einer der funktionalen Gründe für die Dachform war derjenige, daß bei Regenwetter das Wasser nicht über die Seitenscheiben ablaufen sollte, was man konstruktiv mittels zweier Längsfalze links und rechts der Dachhaut unterstützte. Eher ästhetischer Art war hingegen die Überlegung, daß die sehr hoch gezogenen Scheiben bei einer konventionellen Dachform das Auto insgesamt überproportional hoch hätten erscheinen lassen. Wie beim Faltverdeck dienten auch beim Hardtop vier Spannverschlüsse der Befestigung an Frontscheibenrahmen und B-Säulen. Einziger Nachteil des wunderschönen Hardtops war sein Gewicht, das in jedem Fall zwei Personen zum Auf- oder Absetzen erforderte. Verzichtete man beim Verdeck noch auf einen separaten Dachhimmel (innen hatte man nur einen feineren Stoff direkt auf den Außenstoff aufgenäht), so lieferte Daimler-Benz das Hardtop mit einem weißen Dachhimmel in perforiertem Vinyl.

Karosseriezierteile

Der Karosseriezierat spiegelte ebenso wie auch das übrige Auto Daimler-Benz' konservative, gleichzeitig aber höchst moderne Modellkonzeption wider, so daß alle drei „Pagoden" in ihrem Produktionsverlauf nur geringfügige Änderungen erfuhren.

Das Hardtop präsentierte sich elegant, aber gewichtig, und war daher nur mit zwei Personen zu montieren. Ein perforierter Himmel aus Vinyl kleidete die Unterseite des Hardtopdachs aus, während vier verchromte Spannverschlüsse der Arretierung an der Karosserie dienten.

Der wunderbar gestylte Kühlergrill von 300 SL und 190 SL stand Pate bei der Gestaltung der zweiten SL-Generation. Üppiger in seinem Chromzierat, vermochte der neue Kühlergrill aber ebenso mit zeitloser Eleganz zu überzeugen.

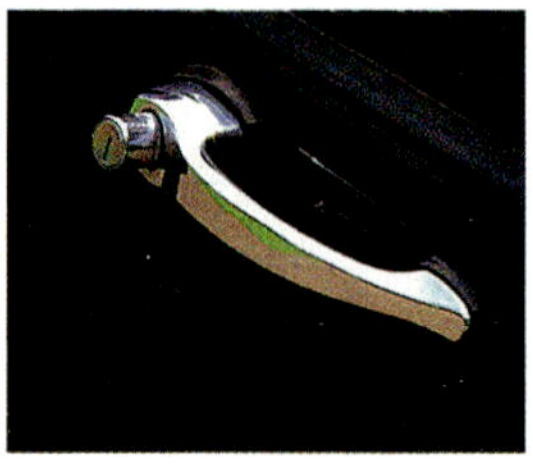

Das verchromte Doppelendrohr der Auspuffanlage verlieh der „Pagode" einen überaus sportlichen Touch. Die Druckknopfbetätigung der verchromten Türgriffe wurde während der gesamten Produktionszeit beibehalten.

Das kleine, aber feine „Lorbeer"-Emblem (rechts) übernahm der neue SL von seinen Vorgängern, plazierte es jedoch ganz weit vorn auf der Motorhaube. Die bekannte Zieratkomposition aus Mercedes-Stern und Chromgriff fand sich auch beim neuen SL wieder, nur daß man hierbei das Kofferraumschloß in die Zierleiste oberhalb des Kennzeichens verlegt hatte (ganz rechts).

Das Typensignet stellte bezüglich des Motorvolumens nach außen hin die einzig erkennbare Identifizierungsmöglichkeit dar, bei Fahrzeugen mit Automatikgetreibe allerdings durch einen entsprechenden Zusatzschriftzug ergänzt.

Bis Oktober 1964 verfügte der SL über ein links im Kofferraum schräg stehendes Reserverad, eingebettet in einer speziellen Radmulde (unten links). Das serienmäßig mitgelieferte Werkzeugset wurde in einer Segeltuchtasche aufbewahrt. Spätere Fahrzeuge führten ihr Reserverad in horizontaler Lage, montiert auf einem speziellen Träger rechts im Kofferraum mit sich. Die schützende Radhülle diente gleichzeitig der Unterbringung von Werkzeug und anderen Utensilien.

Der Kühlergrill wurde in seiner Optik von 190 SL und 300 SL übernommen, nur daß die Kühleröffnung jetzt breiter gehalten war und die Kombination Mercedes-Stern/Horizontalstreben im Chromrahmen, der die Lufteintrittsöffnung noch markanter als bei den Vorgängermodellen einfaßte, vollständig „schwebte".

Die vertikalen Lichteinheiten, die in ihrer Optik praktisch vom 300 SL Roadster übernommen worden waren, beherbergten auch hier Scheinwerfer, Standlicht, Fahrtrichtungsanzeiger und Nebellampen, eingefaßt in eine breite Chromrosette. US-Exportfahrzeuge unterschieden sich hingegen durch ihre separat gehaltenen, gesetzlich vorgeschriebenen Sealed-Beam-Scheinwerfer mit darunter angeordneter Zusatzleuchte, eingefaßt in eine entsprechend gearbeitete Chromrosette. Während Fahrzeuge mit der normalen Lichteinheit ihre Blinkleuchten über den Scheinwerfern (mit integriertem Standlicht) und ihre Nebellampen darunter plaziert hatten, diente bei US-Exporten die Zusatzleuchte gleichzeitig der Unterbringung von Standlicht und Nebellampe (oben) und Blinker (unten). Ab August 1965 stattete Daimler-Benz in die USA gelieferte Fahrzeuge zusätzlich mit einer Warnblinkanlage aus.

Die Stoßstangen präsentierten sich von Hand feinbearbeitet und üppig verchromt. Im Gegensatz zum 300 SL stellte man die Stoßstangen maschinell her, die individuellen Hammerschlagspuren auf der Innenseite als Zeichen einer rein handwerklichen Fertigungsqualität gehörten also nun der Vergangenheit an. Das vordere Stoßstangenblatt war einteilig ausgeführt und schwang sich um die Kotflügel bis hin zu den Radausschnitten. Die Heckstoßstange bestand eigentlich aus zwei Einzelelementen, die links und rechts unterhalb der Rückleuchten montiert, jedoch nicht um die Kotflügel gezogen waren. Eine breite, auf das Heckblech zwischen den Stoßstangen aufgesetzte Chromleiste diente als optische und gleichzeitig lackschützende Verbindung. Obgleich diese Leiste serienmäßig verbaut wurde, lieferte Daimler-Benz einige US-Exportfahrzeuge – wieviele es waren, ist nicht genau zu ermitteln – ohne diesen Chromschmuck aus.

Der Frischlufteinlaß im Windlauf war als Lufthutze ausgebildet, eingefaßt in einen dünnen Chromrahmen mit einer horizontalen und zwei vertikalen Gitterstreben. Verglichen mit seinen hauseigenen Vorgängern sowie auch anderen Sportwagen der Epoche, bedeuteten die sich gegenläufig zueinander drehenden Scheibenwischer gewissermaßen

einen Rückfall in nostalgische Automobilzeiten. Die anfänglich aus Edelstahl gefertigten Wischerarme und Wischerblatthalter wurden ab August 1967 aus gewöhnlichem Stahl hergestellt und silberfarben lackiert.

An den Fahrzeugflanken fanden sich entlang der Türschweller jeweils zwei schmale Zierleisten, wobei die obere verchromt war und eine integrierte Gummilippe aufwies. Die untere Leiste hatte man zum Kontrast in eloxiertem Aluminium ausgeführt. Die verchromten Türgriffe waren in konventioneller Manier konzipiert, mit Druckknopfentriegelung sowie integriertem Schloß.

Daimler-Benz' traditionelles „Lorbeer"-Emblem plazierte man vorn auf der Motorhaube, während auf dem Kofferraumdeckel oberhalb des breiten Chromgriffs ein ebenfalls verchromter Mercedes-Stern prangte. „230 SL", „250 SL" oder „280 SL" informierten zur Linken des Kofferraumdeckels über die jeweilige Modellausführung. Fahrzeuge mit Automatikgetriebe erhielten zusätzlich einen darunter angeordneten „Automatik"-Schriftzug. Rechts im Heckblech befand sich der Tankeinfüllstutzen, verschlossen über einen verchromten Deckel mit Bajonettgewinde und integriertem Schloß.

Die schmalen, nahezu rechteckigen Rückleuchten verfügten über prägnante Chromeinfassungen, deren Oberkanten über die gesamte Heckblechbreite mittels einer dünnen Chromleiste verbunden waren. In dieser Leiste mittig angeordnet befand sich das Kofferraumschloß mit Druckknopfentriegelung. Die Aufteilung der Rückleuchten erfolgte in Bremslicht (innen), Rücklicht und Rückfahrleuchte (Mitte)

Die mächtigen „Lichteinheiten", so die offizielle Bezeichnung, beherbergten alle notwendigen Beleuchtungsfunktionen. Exportfahrzeuge für die USA rüstete Daimler-Benz hingegen mit getrennt ausgeführten Leuchten aus, bei denen ein Sealed-Beam-Scheinwerfer mit einer Zusatzleuchte kombiniert wurde, die die restlichen Funktionen beinhaltete.

Das Interieur des SL vermochte durchaus mit dem Innenleben eines Grand Tourers zu konkurrieren, bot er doch zwei Personen überaus geräumige und luxuriöse Unterbringungsmöglichkeiten. Als Standardbezugsmaterial kam dabei das hauseigene MB-Tex zum Einsatz, wobei Daimler-Benz gegen Aufpreis auch Echtleder im Zubehörprogamm führte.

sowie Blinker (außen). Unterhalb der rechten Stoßstangenecke mündete das verchromte Doppelendrohr der Auspuffanlage ins Freie.

Die Verschärfung der US-amerikanischen Sicherheitsbestimmungen brachte für den 250 SL seitliche Reflektoren an Vorder- und Heckkotflügeln, eingefaßt in Chromrosetten und montiert auf Gummizwischenlagen, die später beim 280 SL jedoch gegen entsprechende Blinkleuchten ausgetauscht wurden.

Der Chromzierat des Hardtops präsentierte sich eher unauffällig, mit schmalen Chromleisten rund um Heckscheibe, Seitenscheiben und Dachkante. Im Hinblick auf gesteigerten Reisekomfort hatte Daimler-Benz den Anbau eines Dachgepäckträgers vorgesehen, der an optional erhältlichen Chromleisten zu montieren war, die auf der Dachhaut entlang der Längsfalzen angebracht wurden. Rund um das Cockpit schwang sich ebenfalls üppiger Chromzierat, unterteilt in jeweils eine Leiste entlang der Türschächte sowie eine Leiste rund um die Verdeckschachtklappe.

In den SL der zweiten Generation spiegelte sich, wenn auch zurückhaltend, durchaus der Zeitgeist der sechziger Jahre wider, der auf dem Automobilsektor hin zu einer insgesamt üppigeren Optik tendierte, verglichen beispielsweise mit dem sachlicheren Stil der fünfziger Jahre.

Innenausstattung

Das luxuriöse und komfortable Interieur des neuen SL hatte Daimler-Benz auf einen recht breiten Publikumsgeschmack abgestimmt, so daß während der gesamten Produktionszeit bei allen drei SL-Varianten auch dementsprechend keine gravierenden Modifikationen erforderlich, und aufgrund des zeitlosen Anspruchs auch nicht geplant waren.

Die Tourerqualitäten des SL schlugen sich vor allem in den bequemen Sitzen nieder, die durchaus auch einem gut eingerichteten Wohnzimmer zur Ehre gereicht hätten. Der gebotene Seitenhalt war überdurchschnittlich gut, jedoch nicht sportlich eng. Die Rückenlehne war aufgebaut auf einem quadratischen Rahmen mit fünf Querstreben, der über Scharniere am Rahmen des Sitzkörpers angeschlagen wurde. Die Sitzfederung übernahmen dabei progressiv gewickelte Schraubenfedern. Die Basis der Sitz- und Lehnenpolsterung bildete jeweils eine gummierte Fasermatte, auf die ausgiebig Polsterstoff und schließlich der Außenbezug selbst folgten. Die Scharnierbeschläge der Sitze waren verchromt, während die jeweils äußeren zusätzlich mit einem Drehknauf aus schwarzem Kunststoff für die stufenlose Lehnenverstellung sowie einem Entriegelungshebel versehen waren. Vorn an den Sitzrahmen befand sich jeweils ein Hebel für die Längsverstellung, die in konventionellen Gleitschienen erfolgte. Ab August 1965 erhielt der SL neue Sitzlehnen, die dicker gepolstert und zwecks verbesserter Seitenführung auch stärker ausgeformt waren.

Als Standardbezugsmaterial verwendete Daimler-Benz das hauseigene MB-Tex-Kunstleder, dem man gleich zu Produktionsbeginn auch eine Echtleder-Option zur Seite stellte. Das Kunstleder erwies sich als äußerst strapazierfähig, so daß viele Fahrzeuge sich noch heute eines originalen, sehr

Ab August 1965 sorgten fülliger gepolsterte Sitzlehnen für komfortableres Reisen, während die nun stärker ausgeformten Sitz- und Lehnenflächen einen verbesserten Seitenhalt gewährten.

Dieser Quersitz war kurz nach dem Debüt des 230 SL lieferbar. Die Einführung des 250 SL bescherte der SL-Klientel einen Fortschritt in Sachen Komfort. Statt Faltverdeck und Abdeckklappe verbaute man bei der Coupé-Variante eine Rücksitzbank mit klappbarer Lehne (unten links), die auch als Gepäckablage genutzt werden konnte.

Alle 230 SL und frühe 250 SL stattete Daimler-Benz serienmäßig mit dem hauseigenen, strapazierfähigen MB-Tex-Kunstleder mit Korbgeflecht-Narbung aus (unten). Während die Narbung des frühen Bezugsmaterials noch recht fein zeichnete, präsentierten sich späte 250 SL und alle 280 SL mit einer gröberen Narbung und Perforationsbohrungen (ganz unten).

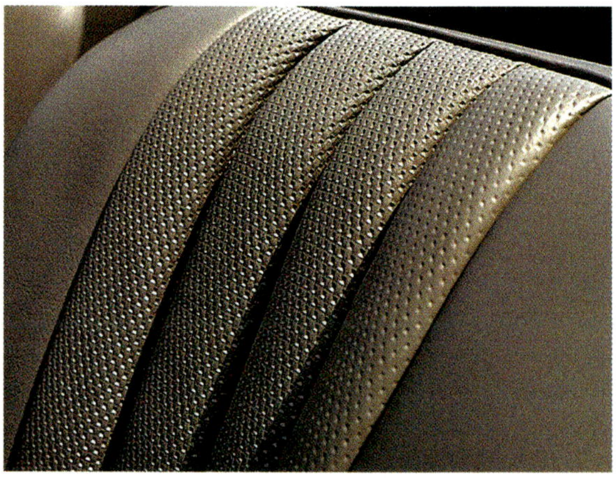

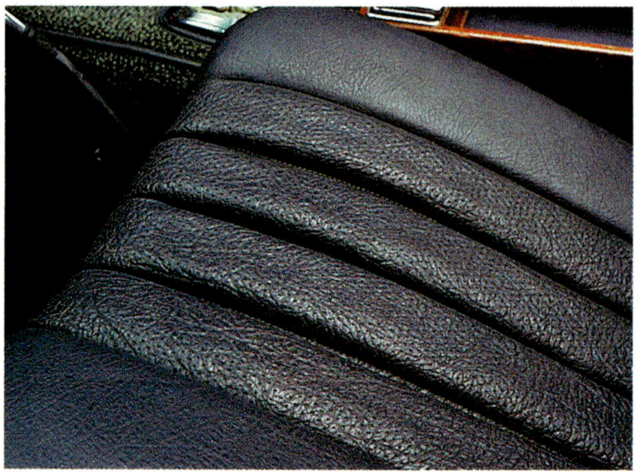

gut erhaltenen Interieurs erfreuen. Sitz- und Lehnenflächen waren in ihrer Mitte jeweils in vier schmalere Längsstreifen abgesteppt, die bei allen 230 SL und frühen 250 SL unabhängig vom Bezugsmaterial (MB-Tex oder Echtleder) über eine Korbgeflecht-Prägung verfügten. Späte 250 SL und alle 280 SL erhielten Bezüge mit zusätzlichen Perforationsbohrungen für eine verbesserte Innenbelüftung der Sitze. Die Rückseiten der Sitzlehnen waren bei allen drei Varianten mit Teppich bezogen. Mit Einführung des 280 SL erhielt das Bezugsmaterial eine gröbere Narbung. Ab August 1970 ersetzte Daimler-Benz das bislang verwendete MB-Tex durch eine verbesserte Qualität gleichen Typs.

Kurz nach seinem Debüt erhielt der 230 SL die aufpreispflichtige Option auf einen Quersitz, der im Fond hinter dem Beifahrersitz montiert wurde. Der passend zum Interieur bezogene Quersitz wies allerdings weder eine Absteppung noch eine Perforation auf. Einen weiteren Schritt in Richtung Insassenkomfort bedeutete die mit dem 250 SL eingeführte, klappbare Rücksitzbank, die allerdings nur der Coupé-Version (ohne mitgeliefertes Faltverdeck) vorbe-

Die Türverkleidungen wiesen über die gesamte Produktionszeit eine glattflächige, schlichte Oberfläche auf. Während alle 230 SL und frühe 250 SL noch Kartenfächer aus recht hartem Material besaßen (ganz oben), bekamen alle nachfolgenden 250 SL und alle 280 SL aus sicherheitstechnischen Überlegungen Taschen aus einem nachgiebigeren Material (oben). Die kurzen Armlehnen behielt man bei, modifizierte jedoch in gleichem Zuge Fensterkurbel, Türöffner und Türverriegelungshebel. Ein Novum für den SL stellte dieser, in der späten 250 SL-Bauphase eingeführte Handgriff für den Beifahrer dar (rechts). Gegenüber 300 SL und 190 SL mit ihrem eher reduzierten Chromschmuck wartete die zweite SL-Generation mit üppigerem Zierat auf.

halten war, aber letztendlich nur für die gelegentliche Beförderung von Kindern genutzt werden konnte. Ab August 1969 erweiterte Daimler-Benz das aufpreispflichtige Zubehörangebot des 280 SL zusätzlich um abnehmbare Kopfstützen.

Als Bezugsmaterial für Fußraum, Innenschweller, Kardantunnel und Fond wählte Daimler-Benz einne robuste Teppichqualität. Die an den Kanten mit Kunststoffkedern eingefaßten Teppiche fertigte man bei 230 SL und 250 SL aus einem grob gewebten Wollstoff, der beim 280 SL jedoch durch eine synthetische Schlingenware ersetzt wurde. Allerdings erwiesen sich diese Synthetikteppiche weder als besonders strapazierfähig noch überzeugten sie durch eine ansprechende Optik, so daß viele SL-Besitzer ihre Fahrzeuge mit Teppichmaterialien ihrer Wahl auskleideten. Bei Restaurierungen ist es durchaus üblich, die im Fußraumbereich in den Teppichboden eingelassenen Gummimatten einfach wegzulassen und den Boden durchgängig mit Teppichboden auszulegen. Die Befestigung des Teppichs erfolgte mittels Nieten, Klebstoff und Fixierstiften.

MB-Tex respektive Echtleder fand sich als Bezugsmaterial ebenfalls an Armaturenbrett (Deckfläche und Unterkante), Instrumentenkonsole, Scheibenpfosten, Türverkleidungen, Fußraum- und Fondseitenverkleidungen sowie Verdeckschachtabdeckung. Im August 1967 erhielt die Vorderkante der Armaturenbrettdeckfläche eine rundlichere, insgesamt harmonischere Profilierung, die das bisherige, recht kantige Profil ablöste. Entlang der Frontscheibenunterkante spannte sich eine Echtholzeinlage über die gesamte Armaturenbrettbreite, optisch ergänzt durch eine ebenfalls hölzerne Lautsprecherabdeckung mit quer angeordneten Schallaustrittsschlitzen.

Alle SL-Varianten verfügten an ihren Türverkleidungen über aufgesetzte Kartenfächer mit integrierter Armlehne. Bei allen 230 SL und frühen 250 SL bestanden die Kartenfächer aus recht hartem Material, das bei späten 250 SL und allen 280 SL durch ein nachgiebigeres Material ersetzt wurde. Die Fensterkurbeln waren verchromt und besaßen neben einem Drehknopf aus schwarzem Kunststoff auch eine längliche Kunststoffeinlage (anfangs in Schwarz, später in Interieurfarbe). Die verchromten Türöffner saßen direkt oberhalb der Kurbeln, während die Hebel für die Türverriegelung, ebenfalls verchromt, schräg dahinter plaziert waren. Diese drei Elemente erfuhren im August 1965 eine leichte Überarbeitung in ihrer Formgebung und fanden sich in dieser Ausführung auch im nachfolgenden 250 SL wieder.

Fahrer- und Beifahrerseite verfügten über gepolsterte Sonnenblenden (auf der Beifahrerseite mit integriertem Schminkspiegel), die jeweils mit zwei Scharnieren am Frontscheibenrahmen angeschlagen waren. Beide Blenden ließen sich aus den innenliegenden Scharnieraufnahmen aushängen und als seitlicher Sonnenschutz herumklappen. Zwischen den Blenden befand sich die Innenraumleuchte, die bis August 1967 in einem rechteckigen, verchromten Gehäuse untergebracht war, das danach jedoch in seiner Form abgeändert und mit einem mattierten Finish versehen wurde. Als überaus nützlich erwies sich die Mittelkonsole zwischen den Sitzen, an deren Vorderkante ein Aschenbecher mit verchromter Scharnierklappe eingelassen war.

Eine dunkelgraue Gummimatte diente im Kofferraum als Auslage, während die Kofferraumwände mit Formteilen aus Preßpappe verkleidet waren. Ab August 1965 erleichterte eine Leuchte das nächtliche Be- und Entladen des Kofferraums.

Instrumente & Bedienungselemente

Die Gestaltung des Armaturenbretts wurde deutlich beeinflußt vom 300 SL Roadster. Wie schon bei den Vorgängern präsentierte sich auch beim neuen SL das in Wagenfarbe lackierte Instrumentenpaneel sachlich funktional.

Die von VDO stammenden Instrumente wiesen auch hier neben verchromten Rosetten schwarze Zifferblätter mit weißer Beschriftung auf. Hauptinstrumente waren ein runder Drehzahlmesser (skaliert bis 7000 Upm, roter Bereich ab 6500 Upm), ein runder Tachometer (skaliert bis 220 km/h bzw. 140 mph) sowie ein rechteckiges, zentral angeordnetes Kombiinstrument. Bei Fahrzeugen mit Linkssteuerung saßen der Drehzahlmesser links, der Tachometer rechts in der Konsole, bei rechtsgesteuerten Exemplaren entsprechend umgekehrt.

Das Kombiinstrument versorgte den Fahrer mit zahlreichen Informationen, übersichtlich aufgegliedert in vertikale Anzeigen (jeweils von oben) für Kraftstofftankinhalt und Öldruck auf der linken Seite sowie Ladestrom (rote Kontrollleuchte) und Fernlicht (blaue Kontrolleuchte) und Kühlwassertemperatur auf der rechten Seite. Ganz oben befanden sich die Kontrolleuchten für die Fahrtrichtungsanzeiger, während unten links der Regler für die Instrumentenbeleuchtung saß.

Obwohl nüchtern und funktional in seiner Auslegung, beherbergte das Instrumentenpaneel doch zahlreiche Schalter und Hebeleien. Die folgenden Angaben entsprechen einem Fahrzeug mit Linkslenkung.

Ganz links sorgte ein runder Luftaustritt mit verstellbaren Fächerstreben für die Belüftung von Innenraum und Seitenscheiben, gefolgt von einem entsprechenden Drehregler und einem sechsstufigen Lichtschalter (Parklicht links, Parklicht rechts, Aus, Standlicht, Abblendlicht und Nebellampen vorn). Eine Nebelschlußleuchte zählte jedoch erst beim 280 SL zur Serienausstattung. Ein Hebel links an der Lenksäule (bei Rechtslenkern rechts) bediente Lichthupe und Blinker sowie Scheibenwischer und -waschanlage. Eine entsprechende Beschriftung auf dem Hebelknauf fehlte, wurde aber mit Einführung des 250 SL in Form von Symbolen ergänzt. Rechts der Lenksäule, unterhalb des Tachometers, saß das kombinierte Zünd-/Lenkschloß, gefolgt von einem Zigarettenanzünder. Zentral im Instrumentenpaneel ange-

230 SL und frühe 250 SL sind an der eckig ausgeformten Polsterkante des Armaturenbretts zu erkennen (oben). Der nierenförmige Hupenring ersetzte ab August 1965 den kreisrunden Vorgänger. Fahrzeuge, die in die USA und nach Großbritannien exportiert wurden, erhielten Geschwindigkeitsmesser mit einer 140 mph-Meilenskalierung.

Der Fahrgastraum des 280 SL präsentierte sich dem Interieur von 230 SL und 250 SL gegenüber in seiner Essenz unverändert, sieht man von diversen Detailmodifikationen einmal ab. Die Stoßkante des Armaturenbretts war jetzt rund abgepolstert, der Hupenring harmonischer knapp oberhalb des Pralltopfs hergeführt und das Teppichmaterial durch eine neue Qualität ersetzt worden. Bis auf den links des Kardantunnels verbleibenden Handbremshebel, ordnete man bei rechtsgesteuerten Fahrzeugen sämtliche Instrumente und Bedienungselemente in spiegelbildlicher Anordnung zur Linkslenkerversion an. Die etwas seltsam anmutende Optik (oben) relativiert sich jedoch sehr bald bei einem Blick in ein Linkslenkercockpit (rechts). Tachometer für den europäischen Markt waren skaliert bis 220 km/h.

ordnet, befand sich der Einbauschacht für das optionale Radio. Rechts davon informierte eine elektrische Uhr über die Tageszeit. Oberhalb des Radioschachts erlaubten zwei Schiebehebelpaare die individuelle Regelung der Innenraumbelüftung und -heizung, auf der rechten Seite ergänzt durch einen Schalter für das Frischluft-/Heizgebläse. Rechts der abschließbaren Handschuhfachklappe (mit Kartenleselampe) folgten ein Drehregler und die entsprechende Belüftungsöffnung. Der Hebel für die Motorhaubenentriegelung befand sich stets links unterhalb des Armaturenbretts.

Im Laufe der Produktion flossen nur geringfügige Änderungen in das Armaturenbrett ein. Die rechtsgelenkte Ausführung wurde über die gesamte Produktionsspanne beibehalten, ebenso der zur Linkslenkerversion spiegelbildliche Aufbau des Armaturenbrett-Layouts. Sämtliche Knöpfe und Knebel der Bedienungselemente fertigte Daimler-Benz ab 280 SL aus sicherheitstechnischen Gründen nicht mehr aus Hartplastik, sondern aus einer weicheren Gummimischung. Eine Warnblinkanlage mit dazugehörigem Zugschalter rechts neben dem Lichtschalter war in den ersten Jahren nur

Das Kunststofflenkrad war in schwarz oder elfenbein erhältlich, hier zu sehen in der letzten Ausführung mit abgeflachtem, aber nicht hinter dem Pralltopf hergeführtem Hupenring (links). Aus sicherheitstechnischen Überlegungen führte Daimler-Benz beim 280 SL eine Sicherheitslenksäule ein und ersetzte sämtliche Hartplastikknöpfe und -knebel von Schaltern und Schiebereglern durch flexiblere Pendants aus Gummi. Daimler-Benz' Gabe, die Kunden der Stuttgarter Traditionsmarke immer wieder durch ausgereifte Detaillösungen zu überzeugen, spiegelte sich auch in dieser Kartenleselampe wider, integriert in die abschließbare Klappe des Handschuhfachs (unten).

auf Wunsch lieferbar, wurde ab August 1969 jedoch in die Serienausstattung des 280 SL aufgenommen. Ebenfalls im August 1969 führte Daimler-Benz am 280 SL eine Heckscheibenheizung ein, deren Schalter sich in der Mittelkonsole befand.

Die gesamte Pedalerie hatte man hängend ausgeführt, wobei das längliche, rechteckige Gaspedal an seiner Unterkante schwenkbar am Karosserieboden angeschlagen war und über eine längs verrippte Gummikappe verfügte. Brems- und Kupplungspedal besaßen eine trapezförmige Tretfläche, überzogen mit Gummikappen mit rautemförmigem Prägemuster. Auch die neue SL-Generation stattete Daimler-Benz mit dem per Fußdruck zu betätigenden Abblendschalter aus. Der Handbremshebel befand sich direkt links neben dem Kardantunnel (auch bei rechtsgelenkten Fahrzeugen).

Auf dem geraden, verchromten Schaltknüppel thronte ein kugelförmiger Knauf aus schwarzem Kunststoff, der jedoch erst für den 250 SL ein eingeprägtes „H"-Schaltschema (mit Rückwärtsgangposition links vorn) erhielt.

Bei Fahrzeugen mit Automatikgetriebe erfolgte der Schaltstufenwechsel über einen Schaltknüppel mit schwarzem Kugelknauf, der in einer Kulisse geführt wurde. Die einzelnen Schaltstufen trugen (von hinten) die Bezeichnungen P-R-0-4-3-2. Eine optische Anzeige in der Instrumentenkonsole zeigte die jeweils eingelegte Gangstufe an.

Das Lenkrad wurde aus schwarzem oder elfenbeinfarbigem Kunststoff gefertigt und verfügte über zwei, unten an der Nabe angesetzte Horizontalspeichen. Im gepolsterten Pralltopf saß mittig ein Emblem in Lenkradfarbe mit verchromter Rosette und verchromtem Mercedes-Stern. Bis August 1965 wies der Hupenring eine kreisrunde Form auf, danach flachte man, um dem Fahrer eine bessere Sicht auf die Instrumente zu gewähren, das obere Kreissegment ab. Diese optisch nicht gerade zufriedenstellende Lösung tauschte man ab August 1967 schließlich gegen einen nicht mehr ganz so stark abgeflachten, harmonischer geführten Hupenring aus. Zum gleichen Zeitpunkt ersetzte aufgrund der geringeren Blendwirkung eine mattierte Oberfläche die

Die Pedalerie dieses Fahrzeugs verfügt über die korrekten Pedalgummis mit Rauten- bzw. Längsprägung (links). Die längs verrippte Gummimatte war ursprünglich in den aus einer grob gewebten Wollqualität gefertigten Teppichboden eingenäht. Pedale und Pedalgummis der Fahrzeuge mit Automatikgetriebe (unten) waren identisch mit denen der Schaltversion. Mit Einführung des 280 SL ersetzte Daimler-Benz auch den bislang verwendeten Wollstoff des Teppichbodens durch eine synthetische Schlingenware.

Während die Räder von 230 SL und 250 SL noch Radkappen und separate Felgenringe zierten (rechts), verbaute Daimler-Benz am 280 SL einteilige Radzierblenden (ganz rechts). Ab Werk rollten die SL auf 14-Zoll-Rädern, bereift mit Pneus der Hersteller Continental oder Firestone.

bislang verwendete Verchromung. Als Reaktion auf die in den USA gegen Ende der sechziger Jahre verschärften Sicherheitsbestimmungen erhielt der 280 SL eine Sicherheitslenksäule, die von außen leicht am modifizierten Nabenbereich zu erkennen war.

Etwas ungewöhnlich, vor allem aber umständlich, präsentierte sich die von Daimler-Benz bis August 1969 favorisierte Lösung, drei verschiedene Schlüssel für die diversen Schließfunktionen zu verwenden. Ein langer Schlüssel war zuständig für Zünd-/Lenkschloß, ein kurzer mit quadratischem Kopf für Türen und Tankdeckel und ein kurzer mit rundem Kopf für Kofferraum und Handschuhfach. Später produzierte Fahrzeuge rüstete man hingegen mit einem einheitlichen Schlössersystem aus, so daß nur noch ein einziger Schlüssel erforderlich war.

Diese noch über lange Jahre im Programm geführten Leichtmetallräder bereicherten das Zubehörangebot als aufpreispflichtiges Extra zwar erst im Jahre 1969, wurden aber auch von zahlreichen Besitzern früherer Baujahre nachgerüstet. Weißwandreifen fanden ihre Liebhaber weniger in hiesigen Gefilden, sondern vornehmlich in den USA.

Räder & Reifen

Die SL der zweiten Generation rollten serienmäßig auf Stahlscheibenrädern mit Fünfloch-Befestigung, wobei Radschüssel und Felge entlang ihrer Stoßkante nicht durchgängig miteinander verschweißt waren, sondern zwischen den Anschweißflächen über lange Luftschlitze verfügten. Rüstete Daimler-Benz die ersten 230 SL noch mit Rädern der Abmessung $5^1/_2 \times 14$ Zoll aus, so ging man ab August 1964 zu einer größeren Breite von 6 Zoll über. Die mittels Federclips auf der Radschüssel gehaltenen dreiteiligen Radkappen (verchromter Mercedes-Stern und Chromrosette wurden separat gefertigt) waren in Wagenfarbe oder bei farblich kontrastierendem Hardtop in der Farbe des Dachs lackiert. Ein ebenfalls verchromter Felgenring verlieh dem Rad eine unaufdringliche Eleganz. Dieser Radschmuck wurde bis Januar 1968 beibehalten, ab diesem Zeitpunkt dann aber durch eine einteilige Radzierblende ersetzt. Optisch ähnlich aufgebaut wie die Vorgängerversion, verfügte sie über einen lackierten Mittelteil und einen verchromten Außenring mit länglichen Belüftungsschlitzen.

Im Spätjahr 1969 ergänzte Daimler-Benz die Optionsliste des 280 SL durch Leichtmetallräder, die entlang der Radschüsselperipherie 15 ovale Belüftungsöffnungen aufwiesen, voneinander optisch getrennt durch kurze „Speichen“. Eine kleine runde Kappe mit erhabenem Mercedes-Stern diente als Nabenabdeckung. Die attraktive Optik der Leichtmetallräder veranlaßte zahlreiche 230 SL- und 250 SL-Besitzer, ihre Fahrzeuge mit diesen Rädern – heute als Originalteil überaus gesucht – nachzurüsten.

Als Bereifung verwendete Daimler-Benz Radialpneus der Größe 185 × 14 HR, die von Continental oder Firestone Phoenix zugeliefert wurden, wobei beide Reifentypen als Schlauchreifen ausgelegt waren. Der von Continental hergestellte Reifentyp trug die Zusatzbezeichnung „Halbgürtelreifen“, eine etwas irreführende Namensgebung, baute sich doch die Karkasse aus vier übereinandergelegten Rayon-Gewebeschichten auf. Wichtigstes Merkmal der eigens ent-

Der exzellente Reihensechszylinder des 230 SL erwies sich mit auf 2281 ccm aufgestocktem Hubraum und Benzineinspritzung als überaus agiler und durchzugsfreudiger Vertreter seiner Gattung. In seiner ursprünglichen Form tat dieses Triebwerk auch im 220 SE Dienst.

wickelten neuen Reifen war die gegenüber herkömmlichen Radialpneus erhöhte Flankenstabilität, die sich in einer erheblich verbesserten Straßenlage vor allem bei höheren Kurvengeschwindigkeiten bemerkbar machte – bei Sportwagen ein ja bekanntlich nicht zu unterschätzender Faktor.

Optional bot Daimler-Benz auch Weißwandreifen an, die sich vor allem in den USA einer großen Beliebtheit erfreuten. Allerdings konnte die Weißwandvariante nur als Michelin-Pneu des Typs X geliefert werden, da das Spitzenprodukt des französischen Herstellers, der Typ XAS (später ersetzt durch den Typ XVS), nicht in dieser Form hergestellt wurde.

Elektrische Anlage

Kernstück der elektrischen Anlage war eine schwarze 12 V/55 Ah-Batterie, zugeliefert von Bosch und plaziert links vorn schräg hinter dem Scheinwerfer. Jedes der beiden Batteriekabel trug seine entsprechende Polarität eingeprägt in die jeweilige Anschlußklemme.

Wie schon bei den Vorgängermodellen stammten die meisten Elektrikkomponenten aus dem Hause Bosch. Dazu gehörten u.a. der 12 V/0,8 PS-Startermotor, die 490 W-Lichtmaschine (K 1/14 V 35 A 20), der Zündverteiler (JFUR 6), die Zündspule (TK 12 A 9) und die elektrische Benzinpumpe (044 220 007). Den Zündverteiler gab es im Laufe der Produktion in vier Versionen, wobei zwei auf Früh- und zwei auf Spätverstellung ausgelegt waren. Mit Ausnahme des Verteilers, erfuhren die genannten Komponenten keine Änderungen, selbst ihre Typennummern blieben vom ersten 230 SL bis zum letzten 280 SL immer gleich.

Die Fliehkraftverstellung des Zündverteilers arbeitete in einem Bereich von 8 – 11 Grad, während die Unterdruckverstellung einen Wirkungsbereich von 80 – 125 mm Ws (Anfang) bis 300 mm Ws (Ende) aufwies. Der empfohlene Unterbrecherabstand lag bei 0,3 – 0,4 mm. Die Benzinpumpe befand sich links vom Kraftstofftank und war in Funktion, solange die Zündung eingeschaltet blieb. Im Falle, daß der Fahrer einmal unbeabsichtigt den Tank leer fuhr, empfahl das Fahrerhandbuch, den Zündstrom sofort zu unterbrechen, um die Pumpe damit auszuschalten. Erfolgte dies nicht, so mußten erst 8 – 10 Liter Kraftstoff eingefüllt werden, damit die Pumpe ihre Arbeit wieder zufriedenstellend aufnehmen konnte. Den Scheibenwischermotor positionierte man bei linksgesteuerten Fahrzeugen rechts, bei Rechtslenkern links an der Spritzwand. Ein Kunststoffbehälter, befestigt direkt vor dem Kühlwasserausgleichsbehälter an einer Halterung am linken Innenkotflügel, versorgte die Scheibenwaschanlage mit der erforderlichen Reinigungsflüssigkeit. Der Sicherungskasten beherbergte 12 Einzelsicherungen, und befand sich im Motorraum links an der Spritzwand.

Die werksseitig verbauten Zündkerzen stammten von Beru (D 250/14/3 S) oder Bosch (WG 250 T 28) und wiesen in beiden Varianten einen einheitlichen Elektrodenabstand von 0,5 mm auf. Der höchstzulässige Abstand betrug dabei 0,8 mm. Die schwarzen Zündkabel waren mit Zündkerzensteckern aus Bakelit versehen, ab Baujahr 1970 dann mit entsprechenden Steckern aus Metall. Ein weiteres Unterscheidungsmerkmal zwischen Fahrzeugen vor Baujahr 1970 und später produzierten Exemplaren war die Zündspule, die anfangs ein schwarzes Gehäuse, später dann ein blaues Gehäuse aufwies. Die Position der Spule am linken Innenkotflügel behielt man über die gesamte Produktionszeit bei.

Die ebenfalls von Bosch zugelieferten Glühlampen unterschieden sich in ihren Leistungswerten je nach europäischer oder nordamerikanischer Spezifikation. Die Normalversion stattete Daimler-Benz mit folgenden Werten aus (von oben in der Lichteinheit): 18 W (Blinker), 45/40 W (Fern-/Abblendlicht) und 4 W (Standlicht), 35 W (Nebellampe). US-Exportfahrzeuge rüstete man mit rundem Sealed-

Der Motorraum präsentierte sich zwar dichtgepackt, bot aber dennoch ausreichend Platz für vorzunehmende Wartungsarbeiten. Rechts vorn neben dem Kühler saß der Luftfilter, daran angeflanscht Drosselklappengehäuse und Ansaugluftsammler. Links- und rechtsgelenkte Fahrzeuge tauschten untereinander jeweils die Positionen von Kühlwasserausgleichsbehälter und Bremskraftverstärker (hier zu sehen ein Rechtslenker).

Beam-Scheinwerfer und getrennter Zusatzleuchte aus, so daß sich entsprechend die folgende Reihenfolge ergab: 45/35 W (Scheinwerfer) sowie 35 W (Nebellampe), 4 W (Standlicht) und 18 W (Blinker). Die für die USA seitlich montierten Blinkleuchten des 280 SL verfügten über 4 W-Lampen. Bei den Rückleuchten hingegen erfolgte keine Trennung nach Bestimmungsländern: 18 W (Bremslicht), 4 W (Rücklicht), 15 W (Rückfahrlicht) und 18 W (Blinker). Im August 1970 wechselte bei 280 SL, die für die USA bestimmt waren, die Farbe der rückwärtigen Blinkergläser von rot zu gelb. Zum gleichen Zeitpunkt modifizierte man (bei beiden Spezifikationen) auch die Rückleuchten, deren Streugläser nun nicht mehr fest mit ihrer Chromeinfassung verbunden, sondern getrennt ausgeführt waren. Viele restaurierte SL sind mit dieser Ausführung ausgerüstet, da das Originalteil selten und teuer ist.

Motor

Der Reihensechszylinder (M 127) der Limousinen und Coupés vom Typ 220 eignete sich in seiner Auslegung ideal als Antriebseinheit für die neue SL-Generation. Der mit vierfach gelagerter Kurbelwelle arbeitende Motor verfügte über ein Bohrung/Hub-Verhältnis von 80 zu 72,8 mm, entsprechend einem Hubraum von 2195 ccm. Guter Wirkungsgrad, weicher Lauf und eine akzeptable Spitzengeschwindigkeit zeichneten dieses Aggregat aus, doch sein Leistungswert lag mit 14 Mehr-PS nur knapp über der Leistung des 190 SL, so daß sich Uhlenhaut gezwungen sah, leistungssteigernde Maßnahmen zu ergreifen.

Sukzessiv wurden der Hubraum aufgestockt, die Gemischversorgung durch eine modifizierte Kraftstoffdirekteinspritzung von Bosch sichergestellt und die Auspuffanlage intensiv überarbeitet. Uhlenhaut und sein Team konnten wirklich stolz auf ihre Leistungen sein, schufen sie mit dem neuen Motor doch eines der langlebigsten und zuverlässigsten Exemplare klassischer Daimler-Benz-Sechszylindertechnologie. Die drei „Pagoden"-Modelle, 230 SL, 250 SL und 280 SL, ließen das Triebwerk im Laufe der Jahre nicht nur an Hubraum zulegen, sondern bescherten ihm auch kontinuierliche Modellpflegemaßnahmen.

Für den Einsatz im 230 SL erhielt der Sechszylinder, der jetzt unter der Bezeichnung M 127/II firmierte, eine auf 82 mm vergrößerte Bohrung, was einem Hubraumanstieg auf 2281 ccm entsprach, in Kombination mit einer Erhöhung der Verdichtung von 8,7 : 1 auf 9,3 : 1. Die Leistung betrug nun 150 PS bei 5500 Upm, das maximale Drehmoment 20,0 mgk bei 4200 Upm.

Trotz seines relativ geringen Motorvolumens überraschte der 230 SL mit respektablen Fahrleistungen. So erreichte er Beschleunigungswerte von 0 auf 100 km/h von etwa 11 Sekunden und eine Höchstgeschwindigkeit von knappen 200 km/h.

Der 250 SL erlebte seinen ersten Kurzauftritt zwar schon im Spätjahr 1966, wurde offiziell allerdings erst im März 1967 auf dem Genfer Salon vorgestellt. Eine weitere Hubraumvergrößerung auf 2496 ccm durch Erhöhen des Hubs um 6 mm auf 78,8 mm und der Verdichtung auf 9,5 : 1 bescherte dem 250 SL zwar ein höheres Drehmoment (22,0 mgk bei 4200 Upm) und bessere Durchzugswerte, beließ die Motorleistung jedoch bei 150 PS/5500 Upm. Die Kurbelwellenlagerung des nun als M 129 bezeichneten Aggregats hatte Daimler-Benz aufgrund der stärkeren Krafteinwirkung dabei von vier auf sieben Hauptlager umgestellt.

Bereits ein Jahr später präsentierte Daimler-Benz mit dem 280 SL einen würdigen Nachfolger für den 250 SL, ausgerüstet mit einem überarbeiteten Triebwerk unter der Bezeichnung M 130. Hierbei hatte man zur Erhöhung der Bohrung den Abstand der einzelnen Zylinder zueinander vergrößert. Entsprechend verlängerte man auch die oben-

Der Aufbau mit Graugußblock sowie Zylinderkopf und Kurbelgehäuse aus Aluminiumguß änderte sich für den 250 SL nicht, wohingegen aber der Hubraum auf 2496 ccm aufgestockt und die Kurbelwelle auf sieben Hauptlager umgestellt wurde. Links entlang des Motorblocks gruppierten sich (von hinten) Einspritzpumpe, Lenkservo und Zündverteiler. Ursprünglich in gemäßigteren Farben verbaut, präsentieren sich an diesem Aggregat diverse Teile aus optischen Gründen in rotem Kunststoff.

liegende Nockenwelle und modifizierte den Zylinderkopf. Die Bohrung wuchs auf 86,5 mm, während der Hub mit 78,8 mm unverändert blieb, so daß sich daraus ein Hubraum von 2778 ccm ergab. Die Leistung lag jetzt bei adäquaten 170 PS/5750 Upm, das maximal erreichbare Drehmoment bei 24,5 mgk/4500 Upm. Die gegenüber dem Vorgänger verbesserten Durchzugswerte ergaben kombiniert mit dessen Drehfreudigkeit ein Antriebsaggregat, das der letzten „Pagode“ zu erklecklichen Fahrleistungen verhalf.

280 SL, die in die USA exportiert wurden, rüstete Daimler-Benz mit emissionsoptimierten Motoren aus, die über eine Nockenwelle mit geringerer Ventilüberschneidung, ein reduziertes Verdichtungsverhältnis und eine modifizierte Einspritzanlage verfügten. Diese Änderungen bewirkten gegenüber der europäischen Version mit ihren 170 PS eine Leistungsminderung auf 160 PS/5700 Upm. Strengere Emissionsbestimmungen auch in Europa führten ab 1969 zu ähnlichen Modifikationen, wobei sich an der maximal erreichbaren Leistung von 170 PS aufgrund einer abgeänderten Brennraumform und in der Länge verkürzter sowie im Durchmesser vergrößerter Ansaugkrümmerrohre nichts änderte.

Obgleich jetzt ein größeres Motorvolumen zur Verfügung stand, blieb die erreichbare Höchstgeschwindigkeit unverändert, nur die Beschleunigungswerte verbesserten sich geringfügig, als man 1969 die Achsantriebsübersetzung bei Normal- und US-Versionen kürzer auslegte. Zahlreiche Fachzeitschriften bescheinigten dem 280 SL sowohl in der Schalt-, als auch in der Automatikversion respektable Fahrleistungen, wobei sich die Spitzengeschwindigkeit zwischen 185 km/h (US-Version) und knappen 200 km/h (Europa-Version) bewegte. Die Beschleunigungswerte pendelten sich entsprechend zwischen 10 und 11 Sekunden ein, abhängig natürlich auch von der jeweiligen Getriebeart.

Die „Pagoden“-Triebwerke standen wie beim 190 SL vertikal im Motorraum. Ventildeckel, Zylinderkopf (mit jeweils sechs getrennten Kanälen für Einlaß und Auslaß) und Kurbelgehäuse präsentierten sich aus Aluminiumguß gefertigt, während der Motorblock in althergebrachter Tradition aus Grauguß hergestellt und mattschwarz lackiert war. An der Unterseite des Kurbelgehäuses befand sich angeschraubt eine ebenfalls schwarz lackierte Ölwanne. Optisch hatten eingespritzte Sechszylindermotoren schon immer etwas zu bieten, und dieses Aggregat machte da keine Ausnahme.

Auf der rechten Seite des Motors wurden die Abgase über einen sechsrohrigen Auspuffkrümmer in eine Doppelrohrauspuffanlage eingeleitet, deren verchromtes Doppelendrohr unter der rechten Ecke der Heckstoßstange ins Freie mündete. Die mittels Schrauben am Zylinderkopf angeflanschten Krümmerrohre sowie die ebenfalls angeschraubten Flammrohre fertigte man ursprünglich aus Stahlblech, wechselte ab November 1964 jedoch zu gußeisernen Ausführungen. Der aus Aluminiumguß hergestellte Ansaugluftsammler, mittels dreier integrierter Rohrpaare am Zylinderkopf angeflanscht, befand sich ebenfalls auf der rechten Motorseite, vor der Auspuffkrümmerhitze durch ein Aluminiumblech geschützt.

Nicht minder beeindruckend zeigte sich der mächtige Ventildeckel, geziert von zwei reliefartigen Mercedes-Sternen, der über drei Schraubbolzen am Zylinderkopf befestigt und dessen Öleinfüllstutzen links vorn plaziert war. Der lange Ölpeilstab saß in einem aus der Ölwanne ragenden, dünnen Röhrchen links vorn neben dem Motorblock.

Es ist durchaus nicht unüblich auf Hochglanz polierte Ventildeckel oder andere entsprechend behandelte Aluteile unter der Motorhaube anzutreffen. Ursprünglich aber beließ Daimler-Benz Ventildeckel, Ölwanne, Einspritzpumpe, Ansaugluftsammler und die übrigen Aluteile in ihrem natür-

Die gemeinsame Verlegung von Einspritzzuleitungen, Ansaugluftsammler und Auspuffkrümmer rechts vom Motor machten Wartungs- oder Reparaturarbeiten zum Geduldsspiel.

Die Sechsstempelpumpe der Bosch-Einspritzanlage gab sich wie ein Sechszylindermotor in Miniaturausführung. Hier ist nur ein Teil des komplexen Rohrleitungs- und Regelsystems zu erkennen. 250 SL besaßen zwischen fünfter und sechster Zündkerzenbohrung Angüsse in Form einer „250" und eines Mercedes-Sterns.

lichen Finish, und das aus gutem Grund. Da die Forschungen mit dem 300 SL zur Erkenntnis geführt hatten, daß die enorme Hitzeentwicklung unter der Motorhaube auf einem verträglichen Niveau gehalten werden mußte, hätten polierte Aluteile – und damit deren verringerte Oberfläche – zweifelsohne die Temperaturen unerwünscht in die Höhe schnellen lassen. Heute jedoch ist die Entscheidung darüber jedem SL-Eigner selbst überlassen, da im Einzelfall ja nicht die Zuverlässigkeit einer gesamten Modellreihe auf dem Spiel steht.

Den Antrieb der obenliegenden Nockenwelle übernahm eine ihrerseits vom Kurbelwellenrad angetriebene Duplexkette mit Spannvorrichtung, während die Ventilsteuerung (zwei vertikal angeordnete, hängende Ventile pro Zylinder) über Schlepphebel erfolgte, die an den Ventilen auf Einstellplättchen arbeiteten.

Der Ventiltellerdurchmesser betrug für den 230 SL im Einlaß 39 mm und im Auslaß 35 mm, während 250 SL und 280 SL jeweils über Tellerdurchmesser von 41 mm im Einlaß und 37 mm im Auslaß verfügten. Bei allen drei Modellen wiesen die Auslaßventile zur Kühlung eine Natriumfüllung auf, während im 280 SL die Einlaßventile über eingesetzte Sitzringe abgedichtet wurden. Das vorgeschriebene Ventilspiel betrug bei kaltem Motor 0,08 mm für den Einlaß und 0,18 mm für den Auslaß. Jedes Ventil wurde über zwei Schraubenfedern in seinen Sitz gedrückt, wobei die inneren Federn einen Durchmesser von 21,8 mm (230 SL) bzw. 22,2 mm (250/280 SL) und die äußeren Federn einen Durchmesser von 32,8 mm (230/250 SL) bzw. 30,0 mm (280 SL) aufwiesen.

Die Ventilsteuerzeiten waren abhängig vom jeweiligen Modell, wobei beim 280 SL nochmals in Normal- (Nockenwellentyp 01) und US-Version (Nockenwellentyp 09) unterschieden wurde:

Die Kaltstartvorwärmung für den Kraftstoff in Kombination mit einer Anhebung der Leerlaufdrehzahl befand sich beim 250 SL unterhalb der Einspritzpumpe. Dahinter war das Ölfiltergehäuse mit austauschbarem Filtereinsatz plaziert.

Der auf 2778 ccm erhöhte Hubraum des 280 SL ging einher mit einem stattlichen Leistungsschub und einer nicht zu verachtenden Durchzugskraft. Der Motorraum des 280 SL präsentierte sich gegenuber seinen Vorgangern nur geringfügig verändert, sah man einmal ab von der anders ausgeführten Unterdruckleitung zwischen Ventildeckel und Drosselklappengehäuse sowie dem oberhalb der Ansaugkrümmer thronenden Magnetschalter.

	230 SL	250 SL	280 SL	280 SL (US)
Einlaß öffnet (v. OT)	10°	11°	12°	16°
Einlaß schließt (n. UT)	58°	53°	56°	46°
Auslaß öffnet (v. UT)	51°	47°	53°	53°
Auslaß schließt (n. OT)	23°	21°	21°	15°

Die Nockenwelle war vierfach in Weißmetallschalen gleitgelagert, die über eine Druckschmierung mit dem notwendigen Öl versorgt wurden. Die Lager wiesen dabei, abhängig von der jeweiligen Belastung, drei verschiedene Durchmesser auf: 49 mm für Lager Nummer 1 (an der Stirnseite), 48 mm für Lager Nummer 2 und 3 sowie 35 mm für Lager Nummer 4. Die vier Lagerböcke waren separat ausgeführt und wurden mittels acht der insgesamt vierzehn Zylinderkopfschrauben in Position gehalten.

Die Brennräume waren in konventioneller Manier geformt, besaßen aber an der Zündkerzenbohrung eine keilförmige Ausbuchtung. Als Kolben setzte Daimler-Benz Leichtbaukolben von Mahle mit flachem Boden und glattem Schaft ein. Die Abdichtung zum Brennraum erfolgte bis April 1965 mittels vier Kolbenringen (drei Kompressionsringe, ein Ölabstreifring), danach nur noch mittels drei Kolbenringen (zwei Kompressionsringe, ein Ölabstreifring). Zum gleichen Zeitpunkt verkürzte man die geschmiedeten Stahlpleuelstangen von 137 auf 125 mm. Folgende Verdichtungsverhältnisse waren im Produktionsverlauf relevant: 9,3 : 1 (230 SL), 9,5 : 1 (250 SL/Europa-280 SL) sowie 8,7 : 1 (US-280 SL). Die maximal zulässige Kolbenbolzenspiel betrug 0,012 – 0,023 mm. Der Bohrungsdurchmesser der Pleuelaugen belief sich beim 230 SL auf 27 mm, bei 250 SL und 280 SL hingegen auf 28 mm, während der Bohrungsdurchmesser des Pleuelfußes bei allen drei Modellen mit 51,6 mm gleich war.

Die Kurbelwelle aus geschmiedetem Stahl war statisch und dynamisch ausgewuchtet. Die Lagerzapfen wiesen sowohl bei der vierfach gelagerten Kurbelwelle des 230 SL als auch bei der siebenfach gelagerten Version von 250 SL und 280 SL einen Durchmesser von 60 mm auf. Besaß die Kurbelwelle beim 230 SL nur drei Ausgleichsgewichte, so waren es bei 250 SL und 280 SL jeweils derer zehn. Als Material für die Dreischicht-Lagerschalen von Lager- und Kurbelzapfen verwendete Daimler-Benz Bleibronze, Kupfer und Zinn. Das Axialspiel der Kurbelwelle wurde vom mittleren Hauptlager bestimmt, die Eigenschwingneigung durch einen an das vordere Kurbelwellenende angeflanschten Schwingungsdämpfer abgedämpft.

Links vorn neben dem Motorblock befand sich der Zündverteiler, angetrieben von der Steuerkette mittels eines Zahnradtriebs. Eine Zahnradpumpe, ihrerseits angetrieben vom unteren Ende der Verteilerwelle, saß vorn in der Ölwanne und versorgte den Motor mit der notwendigen Schmierung. Links hinten am Motorblock saß das Ölfiltergehäuse, das zum Wechsel des Papierfiltereinsatzes durch Lösen einer Schraube abgenommen werden konnte. Der Motorölvorrat belief sich bei allen drei Modellen auf jeweils 5,5 Liter. Zusätzliche Motorkühlung verschaffte ein Ölkühler, der bei 230 SL und 250 SL optional erhältlich war, beim 280 SL jedoch serienmäßig verbaut wurde. Die Montage des Ölkühlers erfolgte bei 230/250 SL horizontal links neben dem Motor, während er beim 280 SL vertikal links neben dem Wasserkühler angebracht war.

Die Bosch-Benzineinspritzung von 220 SE und 300 SE, auf deren Triebwerk ja die Antriebseinheit der „Pagoden“ basierte, erfuhr für ihren neuen Einsatzzweck eine komplette Überarbeitung. Während die Einspritzanlage der Limousinen mittels einer Zweistempelpumpe, bei der jeweils ein Stempel für drei Zylinder zuständig war, nach

Auch von der linken Seite gesehen fallen keine merklichen Modifikationen ins Auge des Betrachters. Dennoch erfuhren die Einspritzpumpe und anhängende Regelelemente sowie die Form des Kühlwasserausgleichsbehälters eine Überarbeitung. Das Bild zeigt ein rechtsgesteuertes Fahrzeug mit rechts positioniertem Bremsservo.

Hier ist der Motorraum eines SL in US-Spezifikation zu sehen, dessen Concours-Zustand manchem „Pagoden"-Besitzer sicherlich das Wasser im Munde zusammenlaufen läßt. Der Bremsservo befindet sich hier auf der linken Seite.

dem indirekten Prinzip arbeitete (Einspritzung in die Saugrohre), erhielten die „Pagoden" hingegen eine erheblich komplexere Anlage, die gegenüber derjenigen des 300 SL große Ähnlichkeiten aufwies.

Kernstück der Anlage war eine mit halber Motordrehzahl laufende Sechsstempel-Einspritzpumpe, die links am Motorblock saß. Eine elektrische Förderpumpe pumpte Kraftstoff durch einen Feinfilter in den Pumpenteil der Einspritzpumpe, die den Kraftstoff wiederum über stählerne Rohrleitungen zu den Düsen im Zylinderkopf beförderte, von wo er bei einem Betriebsdruck von 15 bar an den geöffneten Ventilen vorbei in die Brennräume gespritzt wurde.

Im Pumpenteil befanden sich außer der Nockenwelle noch Rollenstößel, Stempel und eine Regelstange, während im Regelteil der Pumpe eine Regel- und Korrektureinrichtung für die vom jeweiligen Betriebszustand abhängige Einspritzmenge zuständig war. Die hierbei wichtigen Einflußgrößen Motordrehzahl, Drosselklappenstellung und Kraftstoffmenge waren dabei auf einen Raumnocken kopiert, der von einer Rolle abgetastet wurde, deren Bewegungen sich über Umlenkhebel auf die Regelstange auswirkten. Der Raumnocken war zusammen mit einem Fliehkraftregler auf der Nockenwelle montiert. Durch den Fliehkraftregler wurde der Raumnocken axial verschoben (drehzahlabhängig) und durch die Bewegung des Gaspedals zusätzlich verdreht (lastabhängig). Außer diesen beiden Größen mußte die Regeleinrichtung noch weitere Einflüsse berücksichtigen: Luftdruck, Lufttemperatur, Start (Kalt- und Warmstart) sowie Schiebebetrieb.

Die Korrektureinrichtung bestand dabei aus Höhendose, Thermostat, Startmagnet und Stopmagnet. Die hiervon erfaßten Einflußgrößen wurden über ein Hebelsystem auf die Regelstange übertragen, die sich entsprechend verschob, und dabei die Kolben in den Stempelzylindern verdrehte und die Kraftstofffördermenge veränderte. Die Höhendose, auch Barometerdose genannt, berücksichtigte den Luftdruck, so daß auch in großer Höhe die richtige Zusammensetzung des Kraftstoff-Luft-Gemischs erreicht wurde. Ein Kühlwasserthermostat paßte die Einspritzmenge der Motortemperatur an, wobei der kalte Motor eine Kraftstoffanreicherung erhielt, die bis etwa 70 °C Kühlwassertemperatur aktiv war. Der Startmagnet sorgte beim Startvorgang für die direkte Einspritzung einer Kraftstoffübermenge, deren Menge bei kaltem Motor über einen Thermozeitschalter länger, bei warmem Motor über ein Zeitrelais nur zwei Sekunden lang eingespritzt wurde. Der Stopmagnet, gesteuert über einen Schalter im Gasgestänge und einen Drehzahlschalter, riegelte die Regelstange im Schiebebetrieb ab, schaltete sich jedoch unterhalb einer bestimmten Drehzahl wieder ein, um den Motor im Leerlauf erneut mit Kraftstoff zu versorgen. Die Filterung der Ansaugluft übernahm ein Papierfilterelement (Pico oder Micronic), das alle 50 000 km zu wechseln war.

Das komplexe Einspritzsystem erfuhr während des Produktionsverlaufs diverse Modifikationen. Ein konisches Rückschlagventil sowie Kraftstoffzu- und -rückleitungen waren bei der Anlage des 230 SL hinter der Einspritzpumpe plaziert, während sich über der Pumpe ein Dehnstoff-Thermostat befand. Beim 250 SL verlegte man die Kraftstoffleitungen neben die Pumpe und ersetzte die bisherige Thermostatausführung durch ein Pendant aus Messing. Die Warmstartprobleme, die diesen beiden Triebwerken anhafteten, eliminierte man beim 280 SL durch Tausch des vorhandenen Rückschlagventils gegen ein federbelastetes Kugelventil, das man jetzt allerdings oberhalb der Einspritzpumpe positionierte. Im Spätjahr 1968 erhielt das Kaltstart-Anreicherungssystem als zusätzliches Kontrollelement einen weiteren Magnetschalter (zwei bei US-Fahrzeugen).

Direkt vor dem Motorblock rotierte der Kühlerlüfter, montiert an einer Riemenscheibe, die über einen Keilriemen von der Kurbelwellenscheibe angetrieben wurde. Stattete man den 230 SL noch mit einem vierblättrigen Lüfterrad aus Kunststoff aus, so bekam der 250 SL bereits eine sechsblättrige Variante aus Aluminiumguß, die man im September 1966 schließlich gegen eine Achtblattausführung austauschte, die in dieser Form in den 280 SL übernommen wurde. Der Keilriemen stammte von Continental oder Phoenix und diente gleichzeitig dem Antrieb der rechts vorn neben dem Motorblock montierten Lichtmaschine.

Die Wasserpumpe der Pumpenumlaufkühlung befand sich links vorn in Höhe der Kurbelwellenriemenscheibe und wurde von ihr über einen (zweiten) Keilriemen angetrieben. Das Thermostat, das den Kühler bei 78 °C zuschaltete, war direkt am Kühlwasseraustritt des Zylinderkopfs angeflanscht. Der schwarz lackierte Kühler beherbergte in seinem Unterteil einen Wärmetauscher, der das Getriebeöl auf einem verträglichen Temperaturniveau hielt. Der Ausgleichsbehälter des Kühlsystems – bis November 1970 aus Stahlblech, später dann aus Kunststoff gefertigt – war separat ausgeführt und befand sich rechts vor der Motorspritzwand. Das Fassungsvermögen des Kühlsystems belief sich dabei auf insgesamt 10,8 Liter. Die normale Betriebstemperatur lag bei 90 °C, während bei 115 °C das Kühlwasser zu kochen begann. Ab Werk befüllte Daimler-Benz das Kühlsystem zusätzlich mit einem Korrosionsschutzmittel.

Alle „Pagoden“-Modelle bekamen ihre Motornummer eingeprägt in den Motorblock direkt unterhalb der fünften und sechsten Zündkerze, während den Triebwerken von 230 SL (M 127/II) und 250 SL (M 129E) darunter zusätzlich eine Plakette aufgenietet wurde, die Angaben über den jeweiligen Motortyp beinhaltete. Die Motornummer war ebenso wie die Fahrgestellnummer aus 13 Ziffern zusammengesetzt, eingeleitet hierbei durch die Motortypnummer: 127 beim 230 SL, 129 beim 250 SL und 130 beim 280 SL. Die vierte Ziffer gab an, ob es sich um einen Linkslenker (1) oder einen Rechtslenker (2) handelte, während die fünfte Ziffer stellvertretend für Schaltgetriebe (0) oder Automatikgetriebe (2) stand. Die folgenden acht Ziffern gaben die entsprechende Seriennummer an.

Im Laufe der Jahre erfuhren zahlreiche SL einen Austausch ihrer ursprünglichen Antriebsaggregate. Viele rüstete man sogar mit den Triebwerken der 220er-Limousinen aus, die in ihrer Ausführung zwar nahezu identisch ausfallen, durch ihre technisch bedingten Unterschiede einer Restaurierung in den Originalzustand jedoch im Wege stehen. Eine weitere Identifikationsmöglichkeit bietet die Kontrolle der Seriennummer der Einspritzpumpe. Beim 250 SL ist am Zylinderkopf zwischen fünfter und sechster Zündkerze die Zahl „250“ in Reliefziffern angegossen, während beim 280 SL, ebenfalls auf der linken Zylinderkopfseite, entsprechend dem Verdichtungsverhältnis „9,5E“ eingeschlagen ist. Im Falle, daß am Motor keine Nummer zu finden ist, handelt es sich für gewöhnlich um ein von einer Werksvertretung als Austausch implantiertes Aggregat, wobei in der Regel aber die alten Identifikationsnummern nicht übernommen wurden.

Das größere Motorvolumen und die damit verbunden Fahrleistungen lassen den 280 SL heute natürlich als das erstrebenswerteste Modell der „Pagoden“-Ära in Erscheinung treten. Die 2,5- und 2,8-Liter-Motoren verfügen jedoch über eine längenbedingt verwindungsfreudigere Kurbelwelle, da das Lagerzapfenmaß identisch ist zu demjenigen des 230 SL. Bei einer Motorüberholung ist deshalb besonders auf eine peinlich genaue Wuchtung zu achten. Der 230 SL erreicht zwar nicht die Durchzugswerte und Fahrleistungen seiner größeren Brüder, überzeugt aber durch seinen sympathischen Purismus.

Kraftübertragung

Serienmäßig rüstete Daimler-Benz die „Pagoden“ mit einem Vierganggetriebe aus, wobei gleich zu Produktionsbeginn eine Automatik als aufpreispflichtige Option in das Zubehörprogramm aufgenommen wurde. Ab 1966 kam die SL-Kundschaft gegen Aufpreis ebenfalls in den Genuß eines Fünfganggetriebes.

Das Vierganggetriebe war ausgerüstet mit einer Sperrsynchronisierung und gab sich in seiner Funktion so leicht zu schalten, wie man es von diesem Getriebetyp erwartete. Die Getriebeabstufung entsprach mit kurzen unteren Gängen und direktem vierten Gang dem damals üblichen Standard. Individuellen Kundenwünschen kam Daimler-Benz hingegen mit verschiedenen Hinterachsübersetzungen nach. Das Getriebe verfügte über folgende Übersetzungsverhältnisse: 1. Gang 4,05 : 1, 2. Gang 2,23 : 1, 3. Gang 1,53 : 1 (ab Oktober 1965 1,4 : 1), 4. Gang 1 : 1, Rückwärtsgang 3,58 : 1. Das Getriebegehäuse fertigte man aus Grauguß, während Kupplungsglocke und Gehäusedeckel in Aluminium gegossen waren.

Als Kupplung setzte Daimler-Benz bei allen drei „Pagoden“ eine Einscheiben-Trockenkupplung von Fichtel & Sachs mit einem Scheibendurchmesser von 200 mm und einer

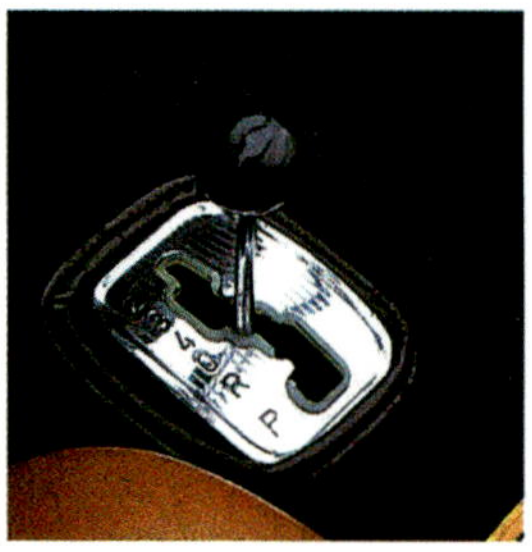

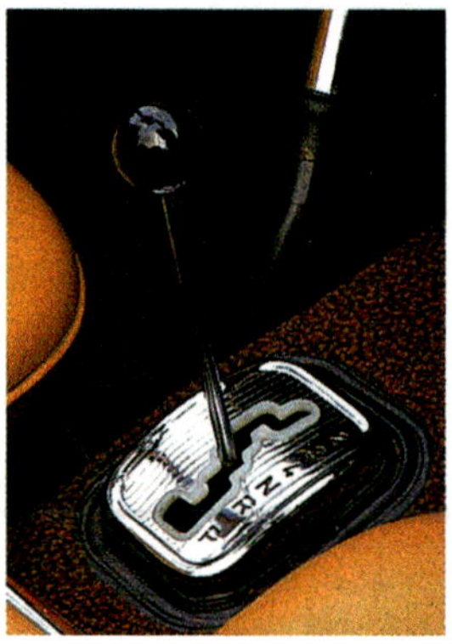

Der Wahlhebel für die Schaltstufen des Automatikgetriebes wurde in einer verchromten Kulisse mit eingelassenem Kunststoffeinsatz geführt (ganz oben im Bild ein linksgelenktes Fahrzeug). Daimler-Benz' Aufmerksamkeit in Detailfragen entging nicht, daß bei Rechtslenkern der Fahrer auch dementsprechend plazierte Schaltstufenmarkierungen benötigte (oben).

Fahrzeuge mit Schaltgetriebe verfügten im Vergleich zur Automatikversion über nahezu identische Schaltknüppel. Der Schaltknauf war ebenfalls kugelförmig, besaß aber ein eingeprägtes „H"-Schaltschema. Ein aufpreispflichtiges Fünfganggetriebe wurde für den 230 SL im Mai 1966 eingeführt und bis zum Produktionsende der „Pagode" im Jahre 1971 beibehalten. Insgesamt aber wurden nur relativ wenige Fahrzeuge damit ausgerüstet. Das Schaltschema des Kugelknaufs paßte Daimler-Benz dabei natürlich an die geänderte Gangzahl an.

Belagstärke von 3,5 mm ein. Zwei unterschiedliche Ausführungen kamen hierbei zum Einsatz, wobei 230 SL, 250 SL und frühe 280 SL mit einer Druckfederkupplung vom Typ TK 228 KX und 280 SL ab Mai 1968 mit einer Membranfederkupplung vom Typ M 228 ausgerüstet waren. Beide Typen waren einstellbar ausgeführt und verfügten über eine hydraulische Betätigung. Der Geberzylinder befand sich direkt in Flucht mit dem Kupplungspedal, während der Nehmerzylinder an der Kupplungsglocke montiert war. Der Behälter für die Hydraulikflüssigkeit saß dabei direkt neben dem Bremsflüssigkeitsbehälter.

Die Kraftübertragung auf die Hinterräder erfolgte mittels zweigeteilter Kardanwelle (mit Kreuzgelenken an beiden Enden und in der Mitte), Differential und pendelnd gelagerten Halbwellen. Im Laufe der Produktion änderte sich mehrfach die Achsantriebsübersetzung. Anfänglich erhielten Fahrzeuge für den europäischen Markt mit Schaltgetriebe oder Automatik eine 3,75 : 1-Hinterachse, während Exporte für den nordamerikanischen Markt mit 4,08 : 1-Hinterachsen ausgeliefert wurden. Mit Einführung des 250 SL änderte sich die Standardübersetzung in 3,92 : 1, ergänzt in den Jahren 1967 – 69 durch eine optional erhältliche Hinterachse mit einem Übersetzungsverhältnis von 3,69 : 1. Für die USA behielt Daimler-Benz bis Juli 1969 die 4,08 : 1-Ausführung bei, wechselte dann aber zu einer Hinterachsübersetzung von 3,92 : 1. Im November 1969 übernahm man die zuvor bei Fahrzeugen in Europa-Spezifikation optional erhältliche 3,69 : 1-Hinterachse in die Serienausstattung aller Viergangmodelle.

Das optional lieferbare Automatikgetriebe verwendete das gleiche Gehäuse wie die Schaltversion, und war statt mit einem Drehmomentwandler mit einer hydrodynamischen Kupplung sowie zwei Planetensätzen, drei Lamellenkupplungen und drei Bremsbändern aufgebaut, wobei Kupplungen und Bremsbänder in der Kupplungsglocke untergebracht waren. Die Glocke, ebenfalls aus Aluminiumguß gefertigt, unterschied sich in ihrer Form dabei allerdings von derjenigen des Schaltgetriebes. Das Automatikgetriebe verfügte über folgende Übersetzungsverhältnisse: 1. Gang 3,98 : 1, 2. Gang 2,52 : 1, 3. Gang 1,52 : 1, 4. Gang 1 : 1 und Rückwärtsgang 4,15 : 1.

Ab Mai 1966 bot Daimler-Benz optional ebenfalls ein Fünfgang-Schaltgetriebe vom Typ S5-20 aus dem Hause ZF an, das in Kombination mit einer Achsantriebsübersetzung von 4,08 : 1 ausgeliefert wurde. Der im Prinzip nur als Overdrive konzipierte fünfte Gang brachte aber gleichzeitig auch eine Änderung in den Übersetzungsverhältnissen mit sich: 1. Gang 3,92 : 1, 2. Gang 2,215 : 1, 3. Gang 1,418 : 1, 4. Gang 1 : 1, 5. Gang 0,848 : 1 und Rückwärtsgang 3,49 : 1 sowie ab November 1969 Achsantrieb 3,92 : 1. Gegen Aufpreis ließ sich gemeinsam mit dem Fünfganggetriebe auch ein Sperrdifferential, ebenfalls von ZF, ordern.

Heute sind Fünfganggetriebe nur noch äußerst selten anzutreffen. Laut ZF erhielten werksseitig insgesamt nur 882 „Pagoden" ein solches Getriebe, wobei allerdings diejenigen Fahrzeuge, die in privater Hand nachträglich umgebaut wurden, in dieser Angabe nicht berücksichtigt sind. Bis gegen Ende Modelljahr 1967 kamen gleichermaßen Fahrzeuge in Europa- und US-Spezifikation in den Genuß dieser Option, ab 1968 blieb sie jedoch nur noch den Modellen für Europa vorbehalten.

Ab Mai 1969 ersetzte Daimler-Benz das ZF-Getriebe durch eine hauseigene Fünfgangversion (Typ MB G 76/27-5), die allerdings auch weiterhin nur als aufpreispflichtige Sonderausstattung erhältlich blieb.

Radaufhängungen

Die Radaufhängungen des W 113, wie die zweite Generation des SL offiziell auch typisiert wurde, boten dem gestandenen Mercedes-Benz-Kunden technisch nicht viel Neues, da sie auf den bereits von 300 SL Roadster und 190 SL sowie 220 S und 220 SE bekannten Konstruktionsprinzipien beruhten.

Vorn übernahmen ungleich lange Dreieckslenker, gelagert im mächtigen vorderen Rahmenquerträger, die Aufgaben der Radführung, wobei die oberen Lenker in Gummi gelagert waren. Die Federung erfolgte über Schraubenfedern, eingespannt zwischen unteren Dreieckslenkern und Pfannen im Querträger, während zur Dämpfung Teleskopstoßdämpfer vom Typ B36 aus dem Hause Bilstein eingesetzt wurden. Ein Querstabilisator mit einem Durchmesser von

Das Gehäuse des manuellen Vierganggetriebes, zusammengesetzt aus Getriebegehäuse in Grauguß und Kupplungsglocke in Aluminiumguß, baute erstaunlich klein. Hier sind rechts vorn der Startermotor von Bosch sowie hinten der Kupplungsflansch für die Kardanwelle zu erkennen.

22 mm verband die beiden unteren Dreieckslenker, wurde später für den 250 SL jedoch auf 20 mm reduziert.

Was die Aufhängung der Hinterräder betraf, so ließ sich Uhlenhaut nicht von seiner Pendelachsen-Konstruktion abbringen, die er nach wie vor als die optimale Lösung ansah. Die „Pagoden" rüstete man dementsprechend aus mit dem bereits von 300 SL Roadster und 190 SL bekannten Eingelenk-Pendelachsentyp mit tiefgelegtem Drehpunkt. Geführt wurden die beiden Achshälften (mit aufgesetzten Schraubenfederaufnahmen) an jeweils einer Schubstrebe, während die Federn oben an den Rahmenlängsträgern gelagert waren. Die Stoßdämpfer, ebenfalls Bilstein Typ B36, hatte man außerhalb der Federn unten an den Nabenkörpern und oben an der Karosserie angelenkt. Die Halbwellen verfügten nabenseitig über Kreuzgelenke, am Differential über längenausgleichende Verschiebegelenke. Der Drehpunkt der Pendelachse befand sich unterhalb des Differentialgehäuses, das fest mit dem rechten Achsrohr verbunden war.

Als ausgleichendes Element bei scharf gefahrenen Kurven wirkte eine bereits vom 300 SL Roadster bekannte Ausgleichsfeder, die rechts vom Differentialgehäuse, horizontal zwischen Auslegern der beiden Achshälften saß. Eine Gummibuchse dämpfte jeweils die Enden der Feder ab, deren Windung einen Durchmesser von 11,9 mm aufwies. 280 SL späten Baudatums stattete Daimler-Benz statt dessen mit einem hydropneumatischen Kompensator aus, der ähnlich einem Teleskopstoßdämpfer zusätzlich über ein Federelement verfügte. Da diese Kompensatoren als Ersatzteil sehr teuer waren, rüsteten zahlreiche SL-Besitzer ihre Fahrzeuge auf die ursprüngliche Ausgleichsfeder um.

Der Herstellungsprozeß der Schraubenfedern brachte, um eine gleichmäßige Federrate zu erzielen, in gleichem Zuge auch gewisse Toleranzen mit sich, die Daimler-Benz mit Hilfe verschiedener Federlängen ausglich. Die kurzen, mittellangen oder langen Federn waren farblich entsprechend weiß, rot oder blau codiert. Originalfedern prägte man auf der untersten Windung zusätzlich den Mercedes-Stern und die Teilenummer ein.

Die Federn der Hinterradaufhängung besaßen darüber hinaus weiße Markierungslinien, die eine leichtere Justage von Bodenfreiheit und Sturzwinkel ermöglichten. Die Einstellung von vorderen und hinteren Federn erfolgte jeweils durch Veränderung des Anlenkwinkels der oberen Gummiaufnahmen.

Als Radlager kamen vorn Kegelrollenlager von Kugelfischer (Typ KLM) oder Timken (Typ LM) zum Einbau. Der Außendurchmesser der äußeren Lagerschale betrug 59 mm, der Innendurchmesser 31 mm, während die innere Schale als entsprechende Maße 45 mm und 19 mm aufwies. Die ebenfalls von Kugelfischer oder Timken zugelieferten Radlager der Hinterachse waren als Tonnenlager ausgeführt, mit einem Durchmesser außen von 80 mm und innen von 40 mm.

Lenkung

Daimler-Benz' hauseigene Kugelumlauflenkung, die ja bereits seit den frühen Tagen des 300 SL Flügeltürers zur Anwendung kam, wurde auch in die zweite SL-Generation übernommen.

Ein Lenkungsdämpfer vom Typ TA20 × 208 von Stabilus mit einem Außendurchmesser von 30 mm sorgte für ein beruhigtes Lenkverhalten. Der Wendekreis betrug linksherum 9,3 m, rechtsherum 9,4 m, während das Lenkrad selbst 3,2 Umdrehungen von Anschlag zu Anschlag benötigte.

Gleich zu Produktionsbeginn bot Daimler-Benz ein aufpreispflichtiges Lenkservo an, dessen Hochdruckpumpe links des Motorblocks direkt vor der Pumpe der Einspritzanlage plaziert war, angetrieben über einen Keilriemen von der Kurbelwellenscheibe.

Schläuche verbanden die Pumpe mit dem übrigen Lenksystem. Die korrekte Menge der eingefüllten Hydraulikflüssigkeit ließ sich mittels einer Markierung kontrollieren, die bei optimaler Betriebstemperatur von 80 °C zu erreichen war.

In ihrer Auslegung folgte die Vorderradaufhängung der „Pagode" mit ihren ungleich langen Querlenkern, Schraubenfedern und Teleskopstoßdämpfern dem schon beim 300 SL angewandten und parallel auch beim 220 SE verbauten Prinzip.

230 SL, 250 SL und 280 SL verzögerten vorn über eine Scheibenbremsanlage aus dem Hause Ate. Man beachte dabei die Anlenkung des Stoßdämpfers am oberen Dreieckslenker.

An der Hinterachse kamen Trommelbremsen nur beim 230 SL zum Einsatz. In ihrer Ausführung ähnelten die Trommeln den Alfin-Versionen des 300 SL.

Die hinteren Scheibenbremsen von 250 SL und 280 SL verfügten über integrierte Trommeln für die mechanisch betätigte Handbremse.

Bremsen

Die Zweikreis-Bremsanlage der „Pagoden"-Baureihe, bei der jeweils ein Kreis für die Vorder- bzw. die Hinterräder zuständig war, arbeitete beim 230 SL vorn mit Scheiben- und hinten mit Trommelbremsen. Im Januar 1967 mit Einführung des 250 SL allerdings stellte Daimler-Benz die Bremsanlage hinten ebenfalls auf Scheibenbremsen um.

Die von Ate zugelieferten Bremsscheiben des 230 SL verfügten über einen Durchmesser von 253 mm und eine Dicke von 12,7 mm. Die Girling-Bremssättel vom Typ 17/3 arbeiteten mit jeweils drei Kolben, wobei der Kolben der Scheibeninnenseite im Durchmesser 57,13 mm und die beiden Kolben der Außenseite jeweils 40,43 mm maßen.

Die Bremstrommeln des 230 SL waren ähnlich den Alfin-Trommeln des 300 SL aufgebaut aus einem außenverrippten Gehäuse aus Aluminiumguß mit eingeklebtem Ring aus Grauguß. Der Innendurchmesser betrug dabei 230 mm. Die Verzögerungsarbeit übernahmen jeweils eine Primär- und eine Sekundärbacke, beide hergestellt aus Temperguß und 65 mm breit. Die Justage der Bremsbacken erfolgte mittels Nocken, die durch Bohrungen in den Bremsankerplatten zugänglich waren.

Die vorderen Bremsscheiben von 250 SL und 280 SL wurden gegenüber denen des 230 SL im Durchmesser auf 273 mm vergrößert, ihre Dicke jedoch geringfügig auf 12,6 mm verringert. Die Bremskolben wiesen vorn jetzt einen einheitlichen Durchmesser von 57 mm auf, während die an der Hinterachse neu eingeführten Scheibenbremsen über Kolben mit einem Durchmesser von 42 mm verfügten.

Die hinteren Scheibenbremsen, deren Bremskraft oberhalb eines bestimmten Bremsdrucks über einen Begrenzer abgeriegelt wurde, rüstete man mit Scheiben aus, die im Durchmesser 279 mm und in der Dicke 10 mm maßen. Die Handbremsbetätigung erfolgte auf mechanischem Wege auf jeweils zwei Bremsbacken in der innen als Bremstrommel ausgebildeten Bremsscheibe. Der Trommeldurchmesser betrug dabei 160 mm. Die im Falle einer Restaurierung wichtigen Mindestmaße für die Bremsscheibendicke bzw. den Trommelinnendurchmesser betragen 11,6 mm für die vorderen Scheiben von 230/250/280 SL, 9,4 mm für die hinteren Scheiben von 250/280 SL sowie 231 mm für die Trommeln des 230 SL.

Alle drei „Pagoden"-Modelle rüstete Daimler-Benz mit einem Bremskraftverstärker von Ate des Typs T51 aus, lackiert in mattem Schwarz, wobei 230 SL und 250 SL die Ausführung T51/200 und der 280 SL die Ausführung T51/1801 erhielten. Direkt vor dem Bremsservo befand sich der Tandem-Hauptzylinder, versorgt über zwei getrennte Bremsflüssigkeitsbehälter.

Bill Boddy kommentierte die Bremsen des 230 SL in einer Ausgabe des Jahres 1965 von *Motor Sport* folgendermaßen: „Die Bremsen weisen einen nicht genau definierten, sogar als schwammig zu bezeichnenden Druckpunkt auf, verzögern den Wagen aber unter geringem Kraftaufwand, und das bei zunehmender Progression."

Road & Track fällte in bezug auf die Scheibenbremsanlage des 280 SL hingegen ein positiveres Urteil: „Die bremskraftunterstützten Bremsen des Mercedes sind in ihrer Dosierung erst sehr gewöhnungsbedürftig, stellen damit aber kein unüberwindbares Problem dar. Die Bremsleistung des 280 SL ist auf dem Niveau des 230 SL, zeigt aber bei harten Bremsmanövern eine wesentlich geringere Fadingneigung. Die Scheibenbremsen des 280 SL neigen zum Quietschen und die Handbremse ist ab einem Gefälle von 30 Grad überfordert, beides bekannte Unzulänglichkeiten dieser Bremstechnologie."

Das Pininfarina 230 SL Coupé

Die Anfrage eines deutschen Geschäftsmanns bei Pininfarina, ihm doch einen 230 SL in eine eigens angefertigte Karosserie zu kleiden, führte 1964 zu diesem einmaligen Ausflug in die Welt italienischen Automobildesigns. Die große Ähnlichkeit zum Ferrari 250 GT Berlinetta Lusso kam dabei nicht von ungefähr, stammte doch dieser Entwurf ebenfalls aus dem Hause Pininfarina, das ja nicht nur als Haus- und Hofcouturier bei Ferrari in Diensten stand, sondern auch andere Automobilfirmen zu seinen Kunden zählte. Ein großer Teil der optischen Überarbeitung des Stuttgarter Roadsters kam dabei dem Sohn des Altmeisters, Sergio Pininfarina, zu, der mit dem als echtes Coupé konzipierten SL eine geglückte Symbiose aus italienischem Flair und deutschem Pragmatismus schuf.

Die vom Original übernommenen Gruppen Fahrgestell, Triebwerk und Antriebsstrang erhielten eine neue Karosserie, deren augenfälligstes Merkmal ohne Zweifel ihr integriertes Coupédach war. Die großen Lichteinheiten behielt man bei, verlängerte aber die Vorderkotflügel und formte die Krümmung der Frontmaske stärker aus, so daß eine insgesamt prägnantere Vorderpartie entstand. Die Radausschnitte schwangen sich jetzt rundlicher um die Räder, während die Stoßstangen vorn und hinten weit um die Kotflügel herumgezogen waren, wobei die Heckpartie allerdings schräger auslief als beim Original. Die glattflächigen Schwellerbereiche schmückte jeweils eine dünne Chromleiste, die Vorderkotflügel erhielten hinter den Radausschnitten jeweils das traditionelle Pininfarina-Emblem. Um das Fahrzeugheck aufgeräumter erscheinen zu lassen, verlegte man den Tankeinfüllstutzen aus dem Heckblech in den Kofferraum und ersetzte die herkömmlichen Rückleuchten durch modifizierte, dem offenen Ferrari 275 GTS entliehene Pendants.

Armaturenbrett, Instrumente und Lenkrad übernahm Pininfarina aus dem originalen SL, unterzog jedoch die Sitze einer eingehenden Überarbeitung. Eingekleidet in Echtleder und abgesteppt auf Sitz- und Lehnenflächen, erinnerte das neue Gestühl in seiner Ausführung sehr an den Stil, den man von zeitgenössischen Ferrari her kannte. Die schräg auslaufenden Heckscheibenpfosten und die damit verbundene Abänderung des Fonds schränkte die Staumöglichkeiten hinter den Sitzen allerdings noch stärker ein, als es beim Original bereits der Fall war. Rückwand, Ablagefläche und Radkästen des Fonds bezog Pininfarina mit echtem Leder, wobei Rückwand und Ablage zusätzlich mit Teakholzleisten und darauf aufgesetzten Chromleisten beschlagen waren.

Ursprünglich wies das Coupé eine silbergraue Lackierung auf, kombiniert mit lohfarbenem Interieur, weißem Dachhimmel und schwarz lackiertem Instrumentenpaneel. Nach seiner Restaurierung ließ der mittlerweile amerikanische Besitzer den Wagen in Schwarz lackieren. Heute präsentiert sich das Pininfarina-Coupé allerdings in rotem Lack, ausgerüstet mit den originalen Stahlscheibenrädern, die im Laufe der Jahre irgendwann einmal gegen die optionalen Leichtmetallräder des 280 SL ausgetauscht worden waren.

Aufgebaut auf Fahrgestell und Antriebsstrang des 230 SL, entstand auf Anfrage eines deutschen Geschäftsmanns im Jahre 1964 in den Händen des italienischen Karosserieschneiders Pininfarina dieses Einzelstück. Den Kühlergrill und die markanten Scheinwerfer behielt man bei, wohingegen die übrigen Designelemente des Originals einer vollständigen Überarbeitung unterzogen wurden. Ursprünglich war das Coupé allerdings in einem silbergrauen Farbton lackiert.

Das schräg auslaufende Coupédach mit seiner großflächigen Heckscheibe und die abgeflachte Heckpartie zeigten nicht ohne Grund Parallelen zum Karosseriestil zeitgenössischer Ferrari, stammten doch die meisten Entwürfe für die roten Sportwagen aus Maranello aus der Feder des Hauses Pininfarina. Mehr als nur eine optische Gemeinsamkeit stellten allerdings die Rückleuchten dar – sie stammten, wenn auch in überarbeiteter Form, von einem 275GTS. Die Leichtmetallräder zählten dabei aber nicht zur ursprünglichen Ausstattung des Pininfarina-SL.

Das heute in den USA beheimatete Coupé wurde mittlerweile ein weiteres Mal restauriert und präsentiert sich jetzt in roter Lackierung, ausgerüstet mit den originalen Stahlscheibenrädern mit Radkappe und Felgenring.

Kauf & Restaurierung

300 SL Flügeltürer und 300 SL Roadster zählen gleichsam zu den begehrtesten und komplexesten „Supersportwagen" der Automobilgeschichte, so daß schon allein aus diesem Grunde eine Restaurierung nur von entsprechend professionellen Fachbetrieben durchführbar ist. Diese Karosserie eines Flügeltürers befindet sich gerade in der Phase der Lackiervorbereitung, abgelichtet bei Kienle Automobiltechnik bei Stuttgart.

Die klassischen SL-Modelle entsprachen fertigungstechnisch dem höchsten Stand der damaligen Technik, sie wurden sozusagen für die Ewigkeit gebaut – vorausgesetzt natürlich, sie erfahren eine fachkundige Wartung und treusorgende Pflege. Alle Fahrzeuge, einschließlich der späteren „Pagoden", wurden sorgfältig montiert und erhielten ihren letzten „Schliff" zu großen Teilen von Hand. Die meisten Komponenten entstanden dem Ruf der Stuttgarter Traditionsmarke entsprechend unter höchsten Qualitätsansprüchen, was sich nicht nur in ihrer Langlebigkeit widerspiegelt, sondern auch in ihrer Zuverlässigkeit.

Die hochwertige Verarbeitung, optimale Karosseriepaßform und exzellente Lackierung der Fahrzeuge suchen in der Automobilindustrie ihresgleichen, und es läßt sich ohne Übertreibung sagen, daß diese Qualität omnipräsent und regelrecht spürbar ist. Verglichen mit den heutigen Standards, vermag die Bremsanlage des Flügeltürers nicht mehr ganz zu überzeugen, die Scheibenbremsanlage des 300 SL Roadster hingegen kommt dem aber schon merklich näher. Straßenlage, Handlichkeit, Fahrleistungen, Spurtreue und Bremsleistung der 300 SL lösen heute auch bei gestandenen Automobilliebhabern noch Begeisterung und Lebensfreude aus.

Sollte also ein klassischer SL Thema einer Kaufabsicht sein, so gilt es zu berücksichtigen, daß auch späte „Pagoden" mittlerweile ein stattliches Alter von 25 Jahren aufweisen. An Fahrzeugen, die im Alltag bewegt wurden, auch wenn sie eine minuziöse Pflege entsprechend den Herstellervorgaben erfahren haben, wird der Zahn der Zeit nicht spurlos vorübergegangen sein, selbst wenn es sich dabei nur um eine kleine Korrosionsblase am Radlauf handelt. Wie bereits gesagt, Daimler-Benz baute diese Fahrzeuge für die Ewigkeit, wobei Fahrleistungen von 400 000 Kilometern und mehr durchaus keine Seltenheit sind. Sollte der Zustand jedoch ein nicht mehr akzeptables Niveau erreicht haben, dann wird professionelle Hilfe zu einem nicht ganz billigen Unterfangen.

Die große Anerkennung, die diese Fahrzeuge auf der ganzen Welt erfahren, und das Engagement, das der Hersteller an den Tag legt, sorgen für ein überaus reichhaltiges Ersatzteilangebot, das sich teilweise sogar erstaunlich preisgünstig darstellt. In den meisten Fällen aber steigt aufgrund der Seltenheit oder der hohen Nachfertigungskosten das Preisniveau kontinuierlich an. Viele Kleinteile – dazu zählen zahlreiche Zier- und Ausstattungsteile – sind nicht mehr direkt von Daimler-Benz zu beziehen, werden aber auf dem freien Markt als Nachfertigungen angeboten, und das oftmals in einer superben Qualität. Steht jedoch eine komplette Restaurierung an, dann übersteigt in den meisten Fällen der zu treibende Kostenaufwand den tatsächlichen Fahrzeugwert – es sei denn, es handelt sich dabei um einen 300 SL. Wiederaufbau und Unterhaltung eines SL sind daher nur empfehlenswert, wenn ein wirkliches Interesse an diesen berühmten Sportwagen besteht.

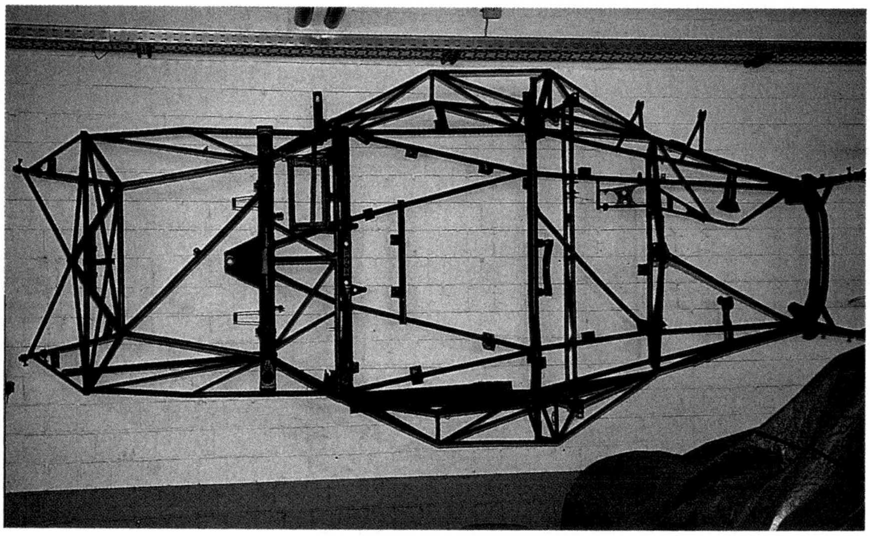

Flügeltürer und Roadster verfügen über einen Gitterrohrrahmen, der zwar äußerst stabil und langlebig, gegen Rostbefall allerdings machtlos ist. Eine Restaurierung dieses filigranen Gebildes muß mit unbedingter mathematischer Präzision erfolgen, denn sonst besteht keine Möglichkeit, Karosserie und Fahrwerk jemals wieder paßgenau montieren zu können.

Der 300 SL

300 SL Flügeltürer und Roadster wurden in so geringer Stückzahl hergestellt, daß die Historie der meisten noch existierenden Exemplare im internationalen Clubwesen vollständig dokumentiert und archiviert ist. Vor dem Kauf eines 300 SL ist es also unbedingt empfehlenswert, einen dieser Clubs zu kontaktieren und soviel als möglich über das Kaufobjekt in Erfahrung zu bringen. Die Preise bewegen sich in jedem Fall im sechsstelligen Bereich, wobei es allerdings zu berücksichtigen gilt, daß bereits restaurierte Fahrzeuge durchaus unterschiedliche Qualitäten aufweisen.

Im Laufe der Jahre erfuhren etliche Exemplare zum Teil deutliche Modifikationen. Manche dieser Eingriffe mögen die Funktionalität des jeweiligen Fahrzeugs – ein britischer Eigentümer beispielsweise rüstete seinen 300 SL mit ABS aus – gesteigert haben, doch sollte hundertprozentige Originalität ein entscheidendes Kaufkriterium sein, dann wird es sicherlich mehrere Monate dauern, das passende Exemplar ausfindig zu machen. Lange schon gehören die Tage, als man einen 300 SL noch unberührt in einer abgelegenen Scheune aufzustöbern vermochte, der Vergangenheit an, doch Ausnahmen bestätigen ja bekanntlich die Regel. Aber auch wenn man schließlich einen Wagen mit geringer Laufleistung, der im Grunde nur einen neuen Anstrich benötigt, entdeckt hat, dann wird der Kaufpreis sicherlich dem Zustand angemessen sein.

Besitz, Restaurierung, Wartung und Unterhaltung eines 300 SL ist eine kostenintensive Angelegenheit. Die mechanische und konstruktive Komplexität des 300 SL macht einen persönlichen Kontakt zu Clubmitgliedern unumgänglich. Der Gang in die nächste Mercedes-Benz-Niederlassung, um frohlockend mit einer neuen Flügeltür, womöglich auch noch in der gesuchten Farbe, wieder den Heimweg antreten zu können, ist ungefähr so wahrscheinlich, wie für einen Käfer die Pole Position in der Formel 1. Davon einmal abgesehen sind Daimler-Benz in Stuttgart sowie einige international bekannte Firmen in den USA und Europa in der Lage, auf sämtliche Wünsche eines 300 SL-Eigentümers einzugehen, selbst wenn Teile in Einzelanfertigung hergestellt werden müssen.

Heute führen die meisten 300 SL ein wohlbehütetes Leben. Wenn sie von ihren Besitzern nicht gefahren werden, erfreuen sie sich intensiver Pflege in temperatur- und feuchtigkeitsregulierten Garagen. Allerdings bedeutet dies nicht, daß Korrosionsschäden an Karosserie und Gitterrahmen unbekannte Größen sind. Auch ein 300 SL ist nicht gegen die allgegenwärtige Korrosion gefeit, und sollte sie sich einmal eingeschlichen haben, dann ist in jedem Fall professionelle Hilfe zu Rate zu ziehen. Die Wiederaufbereitung eines Gitterohrrahmens beispielsweise würde in nicht fachkundiger Hand zweifelsohne in einer vorprogrammierten Katastrophe enden.

Derselbe Grundsatz gilt für sämtliche mechanischen Komponenten. Flügeltürer und Roadster erfordern nicht nur das passende Werkzeug, sondern vor allem ein ungeheures Fachwissen. Die Kraftstoffeinspritzung ist überaus komplex, wenn auch zuverlässig, doch zu lange Standzeiten lassen die Einspritzpumpe austrocknen. Wie so viele andere Teile eines Flügeltürers oder Roadsters schlägt auch die Einspritzpumpe ein gehöriges Loch in die Kasse, obwohl in den USA hergestellte Repliken dieses Loch mittlerweile „nur" noch halb so groß werden lassen. Selbst der Preis, der für originalen Scheibenwischerersatz für den Flügeltürer zu berappen wäre, ließe sich nur mit einer mehrtägigen Gourmetreise durch das Elsaß aufwiegen, ganz zu schweigen von dem Kaufpreis, der für einen Satz Räder und Reifen hinzublättern wäre – alternativ ließe sich dafür auch ein gut gebrauchter Mercedes-Benz 190 moderner Zeitrechnung erstehen.

Lassen Sie sich in jedem Fall von einem Experten beraten, gleich ob Sie ihr Objekt der Begierde aus privater Hand, von einem Händler oder auf einer Auktion erwerben möchten. Es gab Zeiten, in denen ein 300 SL nicht die hohe Wertschätzung erfahren hat, die ihm heute entgegengebracht wird. Unfall- oder Korrosionsschäden behandelte man oftmals durch ausgiebigen Einsatz von Kunststoffspachtelmasse, die sich bei perfekter Anwendung nur durch Messung der Lackschichtdicke oder anhand eines Magneten feststellen läßt. Korrosion schleicht sich vorzugsweise ein in den Radhäusern, in den Kotflügeln rund um die Scheinwerfer sowie entlang der Radläufe. Ebenfalls sehr gefährdete Stellen sind in diesem Zusammenhang die Bleche im Bereich der Schweller.

Korrosion an Türen, Motorhaube und Kofferraumdeckel tritt recht selten auf, nicht etwa nur weil diese Teile aus Aluminium gefertigt wurden, sondern weil dicke Gummidichtungen den Kontakt zur Stahlblechkarosserie verhinderten. Aus diesem Grund ist eine genaue Prüfung der entsprechenden Dichtungen unumgänglich. Sollten allerdings Beschädigungen festzustellen sein, dann ist davon auszugehen, daß unter der intakten Lackoberfläche der Aluteile etwaige Korrosionsschäden lauern.

Ebenfalls in die genaue Untersuchung auf Korrosion und Oberflächenpitting einzubeziehen sind Stoßstangen, Kühlergrill sowie alle übrigen Zierteile von Emblemen bis Leisten. Ersatzteile hierfür sind außerordentlich kostspielig. Gleiches gilt für das Interieur. Mit den Jahren mag das eine oder andere Zierteil verlorengegangen sein, das originale Becker-Radio den Dienst quittiert haben oder Sitzbezüge und Himmelstoff gegen modernere Pendants ausgetauscht worden sein. Beabsichtigen Sie, ihre Neuerwerbung allerdings einer Komplettrestaurierung zu unterziehen, dann spielt das Vorhandensein diverser Kleinteile keine so bedeutende Rolle, aber Sie sollten sich in jedem Fall über die darüber anfallenden Mehrkosten bewußt sein.

Der beste Weg, den mechanischen Gesundheitszustand eines 300 SL abschätzen zu können, ist natürlich der, eine intensive Probefahrt zu unternehmen. Jedes Detail, durch das Sie in Kontakt mit dem Fahrzeug treten, vom Lenkrad

Der wahre Zustand einer Karosserie läßt sich nur durch vollständigen Abtrag der Lack- und Grundierschicht beurteilen. Neulackierungen in der ursprünglichen exzellenten Qualität erfordern einen enormen Zeit- und ebensolchen finanziellen Aufwand.

über Bedienungselemente und Pedalerie bis hin zum Schalthebel, und das Gefühl, das Ihnen Fahrleistungen und Straßenlage vermitteln, sollten eine ganz besondere Aura ausstrahlen, souveräner als Sie es von gewöhnlichen Automobilen her kennen. Ominös brummende Geräusche, also all diejenigen, die nicht von der sonoren Auspuffanlage herrühren, deuten auf Verschleiß bei Motor oder Kraftübertragung hin. Blauer Auspuffrauch verheißt einen überholungsbedürftigen Zylinderkopf oder einen Austausch der Kolbenringe. Es erübrigt sich zu sagen, daß Motorüberholungen das Bankkonto gebührlich strapazieren und wie auch alles andere am 300 SL von fachkundiger Hand durchzuführen sind. In einem solchen Fall sollten Sie allerdings bedenken, daß die in 300 SL-Kreisen renommierten Motorprofis, und davon existieren nicht allzuviele, prallgefüllte Auftragsbücher haben und Sie beträchtliche Wartezeiten in Kauf nehmen müssen.

Das Getriebe sollte in den ersten drei Gängen leichte Heulgeräusche von sich geben, wobei dies nur für den Flügeltürer, aber nicht für den Roadster gilt. Die Bremsen sollten gefühlvoll ansprechen und mit zunehmendem Pedaldruck progressiv wirken, während die Lenkung präzise arbeiten und im Lenkrad nur geringfügiges Spiel aufweisen muß. Das Fahrwerk muß in seiner Abstimmung straff sein, darf aber zu keiner Zeit weich oder hart wirken. Selbst bei seinen Sport- und Rennwagen lehnte Rudi Uhlenhaut den Einsatz hart abgestimmter Fahrwerke ab, da für ihn der Fahrkomfort besonders auf langen Strecken eine vorrangige Rolle spielte. Die Fahreigenschaften, die ein 300 SL heute an den Tag legt, dürften allerdings in den meisten Fällen nicht mehr mit seinen Jugendjahren vergleichbar sein, rüsteten doch zahlreiche Eigentümer ihre Fahrzeuge mit modernen 185er Radialpneus aus. Breitere Reifenmaße sind jedoch tunlichst zu vermeiden.

Ein ausgiebiger Blick unter das Kaufobjekt sollte ebenfalls zu Ihrem Prüfprogramm gehören, von Vorteil wäre dabei natürlich eine hydraulische Hebebühne. Eine Sichtprüfung von Motor, Getriebe und Hinterachse mittels einer lichtstarken Leuchte deckt selbst kleinste Öllecks auf, so daß hier oftmals schon die endgültige Entscheidung für oder wider einen Kauf gefällt werden kann.

Der Besitz eines 300 SL ist viel mehr als nur der Fahrspaß und die Freude, die ein klassischer Sportwagen zu vermitteln vermag. 300 SL Flügeltürer und Roadster sind die Eintrittskarte in einen exklusiven Kreis automobilbegeisterter Menschen, für die nicht nur das materielle Vergnügen im Vordergrund steht, sondern die sich um den Erhalt eines der aufregendsten und beeindruckendsten Erzeugnisse automobiltechnischer Ingenieurskunst für die Nachwelt verdient machen.

Der 190 SL

Bis zu Beginn der achtziger Jahre, als man begann, den 190 SL intensiver in den Kreis der restaurierungswürdigen Automobile einzubeziehen, spielte wie bei vielen anderen Automobilen der Rost die tragende, oder besser gesagt, nicht tragende Rolle. Ausgenommen bei Türen, Motorhaube und Kofferraumdeckel, kann sich Rost überall in der Stahlblechkarosserie einnisten. Angesichts der sportiven Konzeption des „Baby-SL“, führten viele dieser Fahrzeuge ein nicht gerade geruhsames Dasein, und so erweist sich die Suche nach einem unrestaurierten Exemplar in Topzustand als zunehmend schwierig. Bevor Sie jedoch zum Kauf schreiten, empfiehlt es sich, die Karosserie einer genauen Prüfung zu unterziehen.

Der Vorderbau wird vom Rost in erster Linie befallen an den Kotflügeln innen und außen, insbesondere entlang der Radläufe und rund um die Scheinwerfertöpfe, sowie an der Frontmaske, in deren Ecken sich gern Schmutz und Feuchtigkeit sammeln. Der Motorraum hingegen ist relativ unan-

Allein der Gedanke, einen 300 SL in Eigenleistung restaurieren zu wollen, sollte schon abschreckend genug sein. Diese Aufnahme einer mit Hilfe von Maßlehren und sehr, sehr viel Erfahrung teilmontierten Flügeltürer-Karosserie dürfte allerdings diesbezüglich keine Fragen mehr offen lassen, oder?

fällig, sieht man einmal von der Halterung von Batterie und Bremsservo ab, die bei fahrlässiger Pflege stark rosten können. Die markanten Kotflügelsicken oberhalb der Radausschnitte bergen eine weitere Gefahr, da unter ihren Chromzierleisten Feuchtigkeit einzieht, wobei anfängliche Lackbläschen sich zu massiver Korrosion entwickeln können, die bis in die Radhäuser hineinzieht. Ebenfalls Grund zur Sorge bereiten Schweller und Wagenheberaufnahmen.

Die Gummidichtung des Kofferraumdeckels neigt über die Jahre zur Brüchigkeit und kann daher im Kofferraumboden für mancherlei unliebsame Überraschung sorgen.

Die Reserveradmulden besitzen jeweils einen Ablauf, der einmal verstopft die beste Grundlage für Feuchtbiotope bildet. Essentieller Teil der Rostprüfung sollten auf jeden Fall die Längsträger im Bereich der Hinterachse sein, die sich gern in Korrosion ergehen, zumal sie gleichzeitig auch als Aufnahmepunkte für die Schraubenfedern dienen. In gleichem Zuge sind dabei Querträger und Bodenwanne zu inspizieren.

Ebenso wichtig für den Gesamteindruck sind die Zierteile von Karosserie und Interieur. Fehlende oder schlecht erhaltene Teile, insbesondere Stoßstangen, Kühlergrill und Zierleisten, kosten als Ersatzteil oftmals ein kleines Vermögen. Neue Sitzbezüge und ein neuer Dachhimmel stellen keine allzugroßen Anforderungen an einen professionellen Polstereibetrieb, doch stellt ihr Ersatz dennoch kein preiswertes Vergnügen dar.

Mechanisch gesehen erweist sich der 190 SL als unglaublich zäh und langlebig, wobei der Schlüssel zu ungetrübten hohen Laufleistungen ausschließlich in einer regelmäßigen fachmännischen Wartung und Pflege liegt. Die Leerlaufdrehzahl sollte bei 800 Upm liegen, der entsprechende Öldruck bei etwa 3,5 bar. Bei normaler Fahrweise steigt der Öldruck dann auf gute 6 bar, wobei ein niedrigerer Wert durchaus mit verschlissenen Kurbelwellenhauptlagern verbunden sein kann. Die einwandfreie Funktion der Vergaserbatterie muß auf jeden Fall gewährleistet sein, da ihre Einstellung sich sehr schnell zu einer nervenaufreibenden Angelegenheit entwickeln kann, ganz gleich, wieviel Zeit und Geld nachträglich investiert werden. Die aufgrund des hohen Vergasergewichts montierte Stützstrebe fehlt bei unzureichend gewarteten Fahrzeugen oftmals, so daß die in einem solchen Fall übermäßig belasteten Vergaserflansche zur Rißbildung neigen können.

Das Vorhandensein eines Kundendiensthefts, vorzugsweise eins, das von einer Werksvertretung oder einem anerkannten Spezialbetrieb abgestempelt wurde, ist besonders in Bezug auf das Getriebe von übergeordneter Wichtigkeit. Die Synchroneinrichtung der einzelnen Gänge ist so fein gehalten, daß werksseitig statt normalem Getriebeöl ausschließlich ein Öltyp mit niederiger Viskosität eingefüllt wurde. Ein regelmäßig geführtes Serviceheft gibt Auskunft darüber, ob das Getriebe vorschriftsmäßig mit der entsprechenden Ölsorte befüllt wurde oder nicht. Ein Schalthebel, der sich beim Schaltvorgang zäh anfühlt, verheißt alles andere als eine kostengünstige Restaurierung.

Die Ersatzteilsituation erweist sich als äußerst günstig, bieten doch Daimler-Benz und der freie Markt mit seinen spezialisierten Betrieben ein reichhaltiges Angebot. Vornehmlich in den USA und Deutschland werden nahezu alle Teile nachgefertigt, von Gummidichtungen über Zierleisten bis hin zu Karosserieblechen, und das bei größtenteils exzellenter Qualität. Diese Qualität hat, unabhängig davon, ob die Teile von Daimler-Benz oder freien Anbietern stammen, natürlich ihren Preis. Auch ein kleiner SL wird seinen Besitzer nie in den Genuß günstiger Wartungs- und Unterhaltskosten bringen. Ganz zu schweigen von den Restaurierungskosten, die, wenn der Wagen von Grund auf neu aufgebaut werden soll, immer den jeweiligen Marktwert überflügeln werden.

Die Pagoden

Die zweite Generation der SL-Familie verfügt zwar über eine überaus rigide Karosseriekonstruktion, doch ist auch hier eine Schwächung durch Korrosionsschäden alles andere als wünschenswert. Die nahezu lückenlose Ersatzteilversorgung dieser Fahrzeuge garantiert einen weitestgehenden Originalzustand, doch ist der Weg dorthin dennoch mit mancherlei finanziellem Opfer verbunden.

Rostbefall findet sich vor allem an Radläufen, Vorderkotflügeln (hier insbesondere in und rund um die Scheinwerfertöpfe) und Schwellern (hier insbesondere durch verstopfte Drainageöffnungen). Ein Fahrzeug, dessen optische Qualitäten bereits zu wünschen übrig lassen, weisen in der Regel auch an den Rahmenträgern der Bodenwanne und am Schwellerbereich vor den hinteren Radhäusern Rostfraß auf. Bedingt durch Ansammlung von Schmutz und Feuchtigkeit bilden sich hier Rostnester, die sich sehr schnell an der Karosserie nach oben und nach innen weiterarbeiten. Glücklicherweise sind Türen, Motorhaube und Kofferraumdeckel aus Aluminium gefertigt, doch sollten Sie besonders auf Dellen, Risse und etwaige Unfallschäden achten, da hier Ersatz mit hohen Kosten verbunden ist.

Ebenso wie bei den Vorgängermodellen reißen diverse Zierteile sowie auch die Stoßstangen große Löcher in den Geldbeutel, wohingegen Ersatz für Vorder- und Heckkotflügel vergleichsweise preisgünstig ausfällt. Das „Pagoden"-Hardtop zieht Rost magisch an und ist deshalb eines der kritischsten Teile, wenn es um eine Restaurierung geht, insbesondere bei eingesetztem Sonnendach, das werksseitig als aufpreispflichtiges Extra lieferbar war. Die doppelte Dachhaut und die gläserne Heckscheibe machen das Hardtop sehr schwer und erleichtern dadurch nicht unbedingt die Restaurierungsarbeiten, die in fachkundigen Händen einschließlich Lackvorbereitung an die 50 bis 60 Arbeitsstunden in Anspruch nimmt. Da von Daimler-Benz kein Ersatz mehr erhältlich ist, zahlt sich hier langfristig natürlich eine professionell durchgeführte Restaurierung aus. Der gesamte Fahrzeugchrom, einschließlich der Zierleisten von Hardtop und Windschutzscheibe, ist zwar noch erhältlich, aber die entsprechenden Preise rechtfertigen durchaus eine sorgsame Aufarbeitung und anschließende Neuverchromung in einem Galvanisierbetrieb.

Polsterung und Verkleidungsbeläge der Innenausstattung sind langlebig, unabhängig davon, ob Echtleder oder MB-Tex-Kunstleder verwendet wurde. Selbstverständlich ging die Zeit an den Bezugsmaterialien nicht spurlos vorüber, doch es existieren etliche Fahrzeuge, deren originale Innenausstattung noch vorhanden ist und sich darüber hinaus in einem sehr guten Zustand befindet, ein weiteres Zeichen für die hohe Qualität der schwäbischen Erzeugnisse. Die Holzeinlage im Armaturenbrett sowie auch der Holzgrill der Lautsprecherabdeckung zeigen bedingt durch die Sonneneinstrahlung oftmals deutliche Altersspuren. Korrekte Holzart wäre hier Mahagoni in einem mittleren Farbton.

Die Entscheidung für eines der drei „Pagoden"-Modelle, 230 SL, 250 SL oder 280 SL, liegt ganz im persönlichen Ermessen eines jeden Interessenten. Viele Autoliebhaber setzen hier auf den 230 SL, weil er der erste – und für manche auch beste – Vertreter der zweiten SL-Generation ist. Der 250 SL ist aufgrund seiner kurzen Bauzeit bei weitem das seltenste Modell, was ihm eine gewisse Exklusivität garantiert, obwohl er ja eigentlich gegenüber dem 230 SL kaum verbesserte Fahrleistungen vorzuweisen hat. Das „ergiebigste" Modell dürfte allerdings der 280 SL sein, der durch seinen großvolumigen Motor ein Plus an Fahrleistung und auch Komfort bietet. Alle drei Modelle präsentieren sich außerordentlich robust, was ihnen bei entsprechend regelmäßiger sachkundiger Wartung und Pflege ein nahezu ewiges Leben beschert. Die Mißachtung der vorgeschriebenen Ölwechselintervalle schlägt sich in erhöhtem Verschleiß an Nockenwelle, Ventiltrieb und Zylindern nieder, ein Problem, das aber alle Verbrennungsmotoren betrifft. Blauer Auspuffrauch läßt daher entsprechend auf den allgemeinen Zustand der Zylinderkopfinnereien schließen.

Der Gitterrohrrahmen des 300 SL ist gleichsam Kunstwerk und geniale Ingenieursarbeit. Hier ist der perfekt restaurierte Rahmen eines 300 SL Roadster zu bewundern.

Die Einspritzanlage aus dem Hause Bosch ist in der Regel sehr zuverlässig, kann aber, ebenso wie beim 300 SL, nach längeren Standzeiten austrocknen. Die Leitungen zu den Einspritzdüsen können über die Jahre ein weiteres Opfer der allgegenwärtigen Korrosion werden, sie lassen sich aber ohne großen Aufwand und verhältnismäßig preisgünstig ersetzen. Eine bekannte Problematik ist das schlechte Warmlaufverhalten des Motors, bedingt durch den oftmals verstopften Filter der Kaltstarteinrichtung. Überhitzende Motoren sind oft auf verstopfte Kühler zurückzuführen, Abhilfe kann hier aber ein Fachbetrieb schaffen, der den Kühler überholt oder neu aufarbeitet. Mechanische Probleme lassen sich nur durch eine ausgiebige Probefahrt „erfahren", weshalb von einem Kauf ohne eine solche Prüfung nur abzuraten ist. Allein das bloße Versprechen des Verkäufers, daß sich alles in bester Ordnung befindet, reicht bei weitem nicht aus.

Bei einer Probefahrt sollte die Funktionstüchtigkeit aller Instrumente und Bedienungselemente geprüft werden, ebenso wie diejenige der Scheibenwaschanlage. Hier ist optimale Funktion unabdingbar, denn arbeiten die Wischer schwergängig, kann auf verstopfte Drainageöffnungen im Windlauf und damit auch auf Wassereinbruch in den Spindeln der Wischerarme geschlossen werden. Fortschreitende Korrosionsbildung kann das gesamte Betätigungsgestänge befallen, und ist erst einmal ein neuer Wischermotor fällig, dann wird es empfindlich teuer, müssen doch für einen Ersatz Windschutzscheibe, Instrumente, Heizungsgebläse und Handschuhfach entfernt werden.

In schnell wie in langsam gefahrenen Kurven sollte sich eine „Pagode" straff anfühlen und wie auf Schienen ihre vorbestimmte Bahn ziehen. Eine „weiche" Straßenlage deutet auf verschlissene Gummilagerungen in den Schubstreben hin, was zwangsläufig zu zeit- und kostenintensivem Ersatz

Polstereiarbeiten (oben) zählen sicherlich zu den wenigen Dingen, die mit dem entsprechenden Fachwissen auch in der heimischen Werkstatt zu realisieren sind, doch die besten Resultate erhält man nach wie vor von einem komplett ausgestatteten Fachbetrieb. Obgleich die „Pagoden"-Modelle (oben rechts) deutlich weniger komplex aufgebaut sind als 300 SL Flügeltürer und Roadster, kann eine qualitativ hochwertige Restaurierung durchaus erheblich Zeit und auch Geld in Anspruch nehmen. Und sollte nach langem Warten das eigene Auto nicht mehr wiederzuerkennen sein, sprich: so glänzen, wie es diese toprestaurierten Exemplare bei Kienle Automobiltechnik tun (rechts), dann kann man als frischgebackener oder altgedienter Besitzer wirklich stolz auf seinen SL sein.

führt. Eine unpräzise Lenkung läßt ebenfalls nichts Gutes erhoffen, Ersatz ist hier ebenso fällig. Die Bremsanlage sollte einen festen Druckpunkt aufweisen und, ganz gleich, ob eine Kombination aus Scheiben- und Trommelbremsen oder eine komplette Scheibenbremsanlage verbaut ist, vehemente Verzögerung bieten, mit entsprechendem „Biß" und ohne Fadingneigung. Das Federungsverhalten des Wagens sollte komfortabel straff sein und keinesfalls schwammig wirken.

Vier- als auch Fünfganggetriebe müssen sich exakt und „kernig" schalten lassen. Obwohl das Getriebe selbst ungemein robust ist, neigen Schaltgestänge, Schaltmuffen und Synchronringe zu Verschleiß. Ein hakeliges Schaltverhalten ist die Folge. Gangwechsel beim Automatikgetriebe erfolgten zwar immer schon nicht ganz geschmeidig, doch deutet übermäßige Geräuschentwicklung auf Probleme im Getriebe selbst oder in der Flüssigkeitskupplung hin. Der komplexe Aufbau des Automatikgetriebes kann durchaus hohe Reparaturkosten verursachen, abhängig natürlich davon, welche Arbeiten durchzuführen sind. Auch hier ist das Fachwissen eines Spezialisten unabdingbare Voraussetzung für eine nervenschonende Restaurierung.

Zusammengefaßt ist der allgemeine Zustand von Karosserie und Fahrgestell beim Kauf eines 60er-Jahre-SL von vorrangiger Bedeutung. „Rostlauben" können, Zeit und Geld einmal vorausgesetzt, durchaus in Concours-Zustand restauriert werden, doch diese Möglichkeit würde sich nur bei einem Fahrzeug mit besonderer Historie empfehlen. Optimal gewartete und gepflegte Exemplare sind zwar in der Überzahl, doch auch ein Erzeugnis aus dem Hause Daimler-Benz ist nicht gegen normalen Verschleiß gefeit. Und so geistern durch den Kleinanzeigenteil der Fachzeitschriften oftmals auch Fahrzeuge, die über die Jahre sträflich vernachlässigt, eine aufwendige Komplettrestaurierung erforderlich machen.

Datenprofil

300 SL Flügeltürer

Detailänderungen

1954

Fahrgestellnummern 198.040-45-00001 bis 198.040-45-00167
00007
Bolzen für Steuerkettenführung von 58 auf 62 mm verlängert
00036
Ventilschaftdichtung modifiziert (neues Ventildesign)
00039
Hinterachsübersetzung 3,64 : 1 ersetzt 3,42 : 1 als Standard
00041
Kaltstartthermostat eingebaut
00041
1. Gang 3,34 : 1 statt 3,14 : 1 übersetzt
00041
Hintere Radbremszylinder 11 / 16 statt 1 3 / 8 Zoll
00048
Neue Kupplungskonstruktion (Kupplungszug- statt -druckstange)
00051
Gerader Schaltknüppel statt Schwanenhals-Schalthebel; neuer Verschluß für Sitzkissen am Sitzrahmen
00056
Abgeschirmtes Motorgehäuse an der elektrischen Benzinpumpe
00075
Stahldämpfer an der Einspritzpumpe gegen übermäßige Fließgeräusche des Benzins
00076
Abschraubbares Fahrgestell-Querrohr für einfacheren Ein- und Ausbau des Motors
00148
Dickere Türdichtgummis für verbesserte Abdichtung
00151
Verbesserte Einlaßventile
00152
DB-Lenkung ersetzt ZF-Lenkung einhergehend mit Änderungen an Rahmen, Lenksäule und Umlenkhebel

1955

Fahrgestellnummern 198.040-55-00022 bis 198.040-55-00875
00065
Neuer Verteiler-Ölpumpenantrieb
00075
Vordere Stoßstangenhörner mit runderem statt eckigem Profil; Gummipuffer für Motorhaubenverschlußstange
00082
Neuer Motorhaubenverschluß
00088
Verbindungsstück am Schaltgestänge aus Stahl ersetzt Verbindungsstück aus Polyamid
00096
Neuer Lenkungsdämpfertyp
00106
Auspuffdurchmesser 66 statt 60 mm
00148
Öldruckleitung geändert
00154
Anzahl der Sechskantschrauben am Zylinderkopfdeckel (Anlasserseite) von 32 auf 34 erhöht; O-Ring am Drehzahlmesserantrieb; zweiteilige Unterdruckleitung vom Gemischkontrollgehäuse zum Einspritzmembrangehäuse
00155
6 Zoll Treadle-Vac-Bremsservo statt 5 ¼ Zoll; Bremspedal modifiziert
00161
Hintere Stoßstangenhörner mit runderem statt eckigem Profil

00179
Einspritzpumpe vom Typ R3 ersetzt Typ R2
00199
Neue Gummimuffe an der Spritzwanddurchführung des Gasgestänges
00213
Verzinnter Ansatz für Kotflügelsicken ersetzt aus optischen Gründen Kederband; Kederbänder beibehalten bei Fahrzeugen mit Aluminiumkarosserie
00217
Querstücke der Bugverzierung modifiziert
00230
Zylinderkopf mit zusätzlichen Wasserlöchern
00317
Kurbelwellenmarkierung auf Schwingungsdämpfer mit Anzeigebolzen am Motorgehäuse; Zündzeitpunkt und Verdichtung am Zylinderkopf eingeschlagen; Oktanzahlkompensator ganz auf „früh" eingestellt, so daß nur Verstellung nach „spät" möglich ist; Unterdruckversteller des Verteilers durch Fliehkraftverstellung ersetzt (evtl. bereits ab 00276, widersprüchliche Datenangaben)
00351
Position des Kontaktschalters für die Innenbeleuchtung von Türscharnier in den Bereich daneben verlegt
00354
Bremsservo Ate T50 ersetzt Treadle-Vac; neue Pedalanlage mit bodenmontiertem Gaspedal; verschiedene Änderungen an Rahmen, Karosserie und Unterdruckleitungen für Einbau von Bremsservo (auch an 00251)
00400
O-Ring für Heizungshahn
00415
Kompressionsringe (Nute 1) in Höhe von 2,5 auf 2 mm verringert
00419
Reserveradhalterung modifiziert
00499
Neue Flügelklappenventile in Venturi-Rohren; neuer Unterdruckanschluß an Venturi-Rohren
00520
Einteiliger Aschenbecher ersetzt alte Ausführung mit abnehmbarem Unterteil
00584
Neuer Kraftstoffhauptfilter (auch in 00488, 00511, 00580)
00601
Neuer Ölschlauch von der Ölpumpe zum Ölfilter
00645
Verbesserte Befestigung der vorderen Radlager
00647
Verbessertes Rückschlagventil in der Benzinleitung
00648
Neues Motorgehäuse mit Anbauvorrichtung für außen angeordnete Öldruckpumpe; Halterung für Lichtmaschine und Wasserpumpe verstärkt
00702
Verbesserte Gummiringe an Hinterachsaufhängungen
00707
Verbesserte Hinterachsfangbänder
00725
Geänderte Kofferraumdeckelscharniere
00728
Schmiernippel an Kraftstoffzusatzpumpe ersetzt durch demontierbaren Schmierstopfen

Das Typenschild befindet sich angeschraubt an der Motorspritzwand (oben links), ein weiteres Typenschild vorn auf dem linken Rahmenholm (oben).

Die Motornummer ist auf der rechten Seite des Motorblocks eingeschlagen sowie auf einer darunter aufgenieteten Plakette eingeprägt.

00756
Verbesserte Kurbelgehäuseentlüftung durch Schlauchverbindung zwischen Motorwanne und Ventildeckel
00761
Zigarettenanzünder modifiziert; untere Armaturenbrettzierleiste modifiziert
00771
Mechanische durch elektrische Zeituhr ersetzt
00846
Fahrzeuge ohne Radio statt mit entstörten nun mit normalen Zündkerzensteckern
00853
Aluminiumhitzeschild an Ansaugkrümmer mit 12 statt 8 Schrauben befestigt
00909
Oktanzahlkompensator modifiziert
01156
Fahrzeuge ohne Radio statt mit entstörtem nun mit normalem Verteilerfinger

1956

Fahrgestellnummern 198.040-65-00010 bis 198.040-65-00317
00010
Armaturenbrettzierleiste ein zweites Mal modifiziert
00031
Metallschutzkappen für Radbremszylinder
00045
Neuer Zündverteilertyp (Bosch VJ6BR 58 T) ohne Unterdruckverstellung
00073
Öldruckpumpe jetzt außenliegend mit entsprechenden Änderungen an Zusatz- und Antriebsteilen (Antrieb jetzt gemeinsam mit der Einspritzpumpe, um Druckverlusten aufgrund von Verschleiß im Zahnabtrieb an der Kurbelwelle vorzubeugen.)

00098
Belüftungslöcher in vorderen Bremsankerplatten
00107
Belüftungslöcher in hinteren Bremsankerplatten
00207
Motoren mit Sportnockenwelle jetzt mit Doppelkontaktverteiler (Bosch ZV/PB 6 R 1 T); flexible Ölleitungen zur Vermeidung von Vibrationsschäden
00304
Doppelkontaktverteiler an allen Motoren

1957

Fahrgestellnummern 198.040-75-00007 bis 198.040-75-00079
Keine Modifikationen

Optionen & Accessoires

Der 300 SL Flügeltürer präsentierte sich so umfangreich ausgestattet, daß der Zubehörkatalog entsprechend dünn ausfiel. Stoßstangenhörner und Heizgebläse waren optional, aber die meisten Kunden orderten beides, so daß ein Preiszuschlag entfiel. Ein Echtlederinterieur war aufpreispflichtig, ebenso Lederkoffersatz, Becker-Radio, Sicherheitsgurte, Kotflügelspiegel für die Beifahrerseite, Rudge-Zentralverschlußräder (wahlweise verchromte oder in Wagenfarbe lackierte Radschüssel) sowie ein Plexiglas-Windschild für die Motorhaube als Insektendeflektor.

Produktionszahlen

1954	146
1955	867
1956	311
1957	76
Gesamt	1400

Abmessungen & Gewichte

Länge (mm)	4520
Breite (mm)	1790
Höhe, fahrfertig (mm)	1300
Radstand (mm)	2400
Spurweite vorn (mm)	1385
Spurweite hinten (mm)	1435
Wendekreis (m)	11,5
Bodenfreiheit (mm)	130
Leergewicht (kg)	1295
Zul. Gesamtgewicht (kg)	1515
Zuladung (kg)	220
Zul. Achslast vorn (kg)	664
Zul. Achslast hinten (kg)	850

300 SL Roadster

Detailänderungen

1957

Fahrgestellnummern 198.042-75-00007 bis 198.042-75-00695
Der 300 SL Roadster unterschied sich vom Flügeltürer in den folgenden Punkten: Lederpolsterung, Sportnockenwelle, serienmäßige Hinterachsübersetzung 3,89:1, Cabrio/Hardtop-Kombination, Polsterung von Instrumentenkonsole und Armaturenbrett, Eingelenk-Pendelschwingachse, verstärkte Stoßstangen, verstärkte Motorhaube (Blechdicke und Form), Kombiinstrument, verbesserte Heizungsbetätigung, Handschuhfach, perforierte Sitzbezüge für Lederhinterlüftung, breitere Felgen, Doppelkontaktverteiler mit 2 Zündspulen, längere Scheibenwischer an verstärkten Armen, nutzbarer Kofferraum, Kurbelfenster, eingebaute Nebelleuchten, umgesetzter Handbremshebel, Rückfahrscheinwerfer, vergrößerte Heckleuchten, flaches

Fahrgestellnummer und Gewichtsangaben des 300 SL Roadster befinden sich auf einem Typenschild aus Aluminiumblech, angeschraubt an der Motorspritzwand.

Auspuffendrohr, serienmäßiger Talbot-Kotflügelspiegel, verbesserte Kurbelgehäuseentlüftung, Tankklappe.
00180
Scheibenwischergestänge verstärkt
00581
Blinkerhebel an Lenksäule, selbsttätig zurückstellend

1958

Fahrgestellnummern 198.042-85-00001 bis 198.042-85-00350
00080
Elektomagnetisches Abstellventil am Venturi-Rohr eingeführt
00095
Befestigungsmuttern von Scheibenwischerarmen modifiziert
00123
Druckdämpfungsanlage zum Ausgleich unregelmäßiger Benzinflußgeschwindigkeiten
00202
Sitze erhalten pyramidenförmige Perforation in den Außenwülsten und kleinere Lochperforation in den abgesteppten Streifen dazwischen zwecks verbesserter Lederhinterlüftung und -haltbarkeit
00262
Klappbare Armlehnen durch fest montierte Versionen ersetzt

1959

Fahrgestellnummern 198.042-95-00001 bis 198.042-95-00215
00001
Wärmeisolationsmaterial auf dem hinteren Radkasten gegen Abstrahlung von Auspuffwärme in den Fahrgastraum
00078
Fußbetriebene Scheibenwaschanlage

1960

Fahrgestellnummern 198.042-002450 bis 198.042-002700
002450
Kraftstofftank innen mit Kunststoffbeschichtung
002458
Bremsflüssigkeitsbehälter aus Kunststoff ermöglicht verbesserte Sichtkontrolle und eliminiert Rostschäden
002514
Kühlsystem modifiziert für vermehrten Wasserdurchsatz bei geschlossenem Thermostat, dadurch gleichmäßigere Motoraufwarmung

1961

Fahrgestellnummern 198.042-002701 bis 198.042-003000
002780
Scheibenbremsen von Dunlop an allen vier Rädern eingeführt
002954
Bremsflüssigkeitsbehälter aus Kunststoff vergrößert

1962

Fahrgestellnummern 198.042-003001 bis 198.042-003232
003010
Betätigungshebel für Heizung/Lüftung aus Sicherheitserwägungen mit Weichplastikknöpfen
003040
Lenkradschloß
003049
Aluminiumblockmotor M 198.982

1963

Fahrgestellnummern 198.042-003233 bis 198.042-003258
Keine Modifikationen

Optionen & Accessoires

Der 300 SL Roadster besaß eine umfangreiche Serienausstattung, so daß sich das Zubehörangebot beschränkte auf: Lederkoffersatz, Radio (Becker oder Blaupunkt), Sicherheitsgurte, Hardtop, Skihalter sowie Kotflügelspiegel für die Beifahrerseite.

Produktionszahlen

1957	554
1958	324
1959	211
1960	249
1961	250
1962	244
1963	26
Gesamt	1858

Abmessungen & Gewichte

Länge (mm)	4570
Breite (mm)	1790
Höhe, fahrfertig (mm)	1300
Radstand (mm)	2400
Spurweite vorn (mm)	1398
Spurweite hinten (mm)	1488
Wendekreis (m)	11,5
Bodenfreiheit (mm)	130
Leergewicht (kg)	1330
Zul. Gesamtgewicht (kg)	1560
Zuladung (kg)	230
Zul. Achslast vorn (kg)	710
Zul. Achslast hinten (kg)	850

190 SL

Detailänderungen

Fahrgestellnummern mit Präfixcode 121.040 (Coupé) oder 121.042 (Roadster)

1955

1
Sonnenblende auf Fahrerseite serienmäßig, jedoch Frontscheibenhalterung für Beifahrerseite vorgesehen
7 (20.4.1955)
Instrumentenpaneel modifiziert für verbesserte Erreichbarkeit der Bedienungselemente im Bereich hinter dem Lenkrad
9 (22.4.1955)
Zylinderkopfdichtung statt 1,5 nun 1,7 mm dick (ab Motornummer 11)
13
Entriegelungshebel der Sitzlehnen modifiziert

21 (22.4.1955)
Kühlwasserbohrung zwischen Motorblock und Zylinderkopf von 6 auf 10 mm vergrößert
30 (29.4.1955)
Bremsankerplatten vorn mit 6 Belüftungsbohrungen (ab Hinterachsnummer 40)
52 (6.6.1955)
Schaltgestänge mittels Plastikunterlegscheiben, Sechskantschrauben und Kronenmutter mit Splint modifiziert
54 (6.6.1995)
Auspuffkrümmer modifiziert, Pleuellagerzapfen mit 3 Schmierbohrungen (ab Motornummer 43); Benzinpumpe ohne Schmutzfilter (ab Motornummer 41)
56 (29.4.1995)
Motoraufhängung vorn mit Inbusschrauben M8 × 65 (ab Motornummer 61); Halterung für vorderen Teil des Auspuffkrümmers (ab Motornummer 63, ebenfalls Fahrgestellnummer 38)
61 (29.4.1955)
Hinterachsübersetzung von 3,70 : 1 auf 3,89 : 1 geändert
70 (13.6.1955)
Anschlußkabel für Zündzeitpunktverstellung verlängert
110 (2.7.1955)
Achsschenkelbolzen gehärtet (ab Vorderachsnummer 84)
127 (2.7.1955)
Kupplungsdruckplatte mit Membranfeder (ab Motornr. 78); staubdichte Kupplungsglocke (ab Motornr. 91)
131 (2.7.1955)
Automatische Bremsnachstellung verstärkt, Bremsankerplatte entsprechend modifiziert, Achsschenkel mit Rechtsgewinde M16 × 1 und Sicherungsmuttern statt Federringen (ab Vorderachsnummer 162)
137 (2.7.1955)
Vergaserregelstange gesichert mit Kontermutter und Federring (ab Motornummer 104); M10-Befestigungsschraube der Kupplungstreibscheibe erhält gewellte Unterlegscheibe (ab Motornummer 106)
139 (4.7.1955)
Zigarettenanzünder mit zylindrischem Gehäuse und von 21 auf 22 mm vergrößertem Durchmesser
156 (9.7.1955)
Zierleisten an Windschutzscheibe und Instrumentenpaneel von Clip- auf Schraubenbefestigung umgestellt
195 (13.7.1955)
Kardanwelle modifiziert
235 (21.7.1955)
Sportnockenwelle Typ 15 (121 051 01) serienmäßig, Einlaß-Ventilsitze um 1 mm tiefer, Einlaßnocken verbreitert (ab Motornummer 184)
241 (21.7.1955)
Oberer Dichtring an Lenkschnecke eingeführt, Dichtring am unteren Ende entfällt (ab Lenkgetriebenummer 181)
263 (26.7.1955)
Ventilsitzringe aus Material C22 eingeführt (ab Motornummer 135)
270 (30.7.1955)
Kupplungsstange modifiziert
390 (17.8.1955)
Handschuhfachklappe als Preßblechteil
416 (17.8.1955)
Kurbelwellendichtring auf Schwungradseite geändert, Burgmann-Ring durch einen Splint gesichert
446 (25.8.1955)
Kurbelgehäuse mit Verstärkungsrippen (ab Motornummer 430); Ventilsitzringe aus AL M B2 10 (ab Motornummer 405); Unterlegscheiben der Lagerbockbefestigung an Kurbelwelle geschlitzt (ab Motornummer 463)
458 (25.8.1955)
Bremsbeläge vom Typ Ferodo-Energit eingeführt (ab Vorderachsnummer 515)
474 (25.8.1955)
Achsschenkellagerbuchse von 32 auf 38 mm verlängert
574
Dichtring in Radnaben leicht gefettet (ab Vorderachsnummer 578)
700 (18.9.1955)
Verbesserte Motorhaubenabdichtung mittels Modifizierung von Gummidichtung und Blechprofil

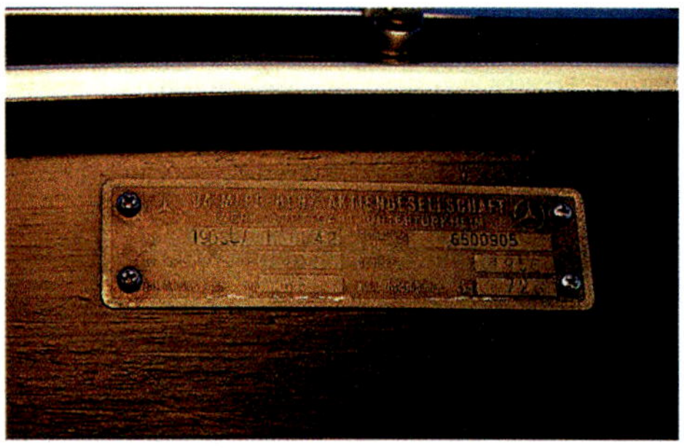

Beim 190 SL ist das Typenschild mit zusätzlichen Angaben zu den Fahrzeuggewichten angeschraubt an der Motorspritzwand in der Nähe der Batteriehalterung.

706 (18.9.1955)
Verbindungsnieten zwischen Bremsankerplatte und Achsschenkel auf 20 mm verlängert
750 (27.9.1955)
Mittleres Kreuzgelenk der Kardanwelle um 10 mm nach vorn verlegt, Schutzabdeckung entsprechend modifiziert; Vergasergehäuse aus Druckguß- statt Sandgußaluminium (ab Motornummer 709)
787 (27.9.1955)
Hinterachsübersetzung von 3,89 : 1 auf 3,90 : 1 geändert (ab Hinterachsnummer 764)
820 (27.9.1955)
Kurbelgehäuse verstärkt, Gehäuse der Beschleunigungspumpe am Vergaser aus Druckgußaluminium (ab Motornummer 821)
845 (30.9.1955)
Bremsleitungen an Vorderachse vibrationsgeschützt in Gummi gelagert
919 (11.10.1955)
Ventilsitzringe aus AL MB 210 / WF 26
937 (11.10.1955)
Zündverteiler (VJU BR 12 mK) ohne Unterdruckversteller (ab Motornummer 905)
1066 (17.10.1955)
Luftfiltergehäuse modifiziert (ab Motornummer 996); Thermostatgehäuse modifiziert (ab Motornummer 1021)
1148 (31.10.1955)
Tachometer mit km/h-Skalierung ohne Schaltpunktmarkierungen
1257 (7.11.1955)
Tachometer mit mph-Skalierung ohne Schaltpunktmarkierungen
1277 (11.11.1955)
Tankeinfüllstutzen gerade abgeschnitten
1395 (11.11.1955)
Unterdruckschlauch des Bremsservos an Ansaugkrümmer mit Kolag (gallertartiges Graphit) eingeschraubt
1448 (5.12.1955)
Coupé mit Chromzierleisten an hinteren Kotflügelsicken, optional bei Roadster
1450 (5.12.1955)
Bohrungsdurchmesser in der Auspuffkrümmerdichtung für die Befestigungsbolzen von 7,5 auf 6 mm verringert
1593 (8.12.1955)
Karosseriebefestigung des Stoffverdecks von Nieten auf Druckknöpfe umgestellt
1603 (9.12.1955)
Befestigung der Türverkleidungen von Clips auf Schrauben umgestellt

1956

127 (4.1.1956)
Sämtliche bisher verbauten Bremsservos werden ausgetauscht, laufende Produktion erhält ebenfalls neuen Servotyp
151 (4.1.1956)
Zündverteiler (V14 BR11) mit Vorverstellung 8 - 12° eingeführt (ab Motornummer 1807 / 55)
173 (12.1.1956)
Vierpunkt-Motorlagerung ersetzt Dreipunktversion, entsprechende Modifikationen des Fahrschemels im Bereich des Ölfiltergehäuses, neue zweiteilige Kardanwelle mit 90 mm-Kreuzgelenken (ebenfalls bei der Fahrgestellnummer 168)
222 (16.1.1956)
Sitzlehnen im Roadster um 20 mm schmaler ausgeführt
384 (27.1.1956)
Gaspedal erhält Gummiüberzug
441 (26.1.1956)
Neue Aschenbecherversion
486
Ansaugluftsammlerflansch im Durchmesser vergrößert (ab Motornummer 298); Federrate der Steuerkettenspannerfeder erhöht (ab Motornummer 354)
722 (16.2.1956)
Wagenheberaufnahmen modifiziert
936 (22.2.1956)
Hardtop von Aluminiumblech (AlMg2 1,25 mm) auf Stahlblech (K ST VIII 23 0,8 mm) umgestellt
1101 (8.3.1956)
Verchromte Türschachtzierleiste bei Coupé (ab Fahrgestellnummer 2287) durch breitere Version ersetzt, ebenfalls bei Roadster (ab Fahrgestellnummer 1115); abschließbare Handschuhfachklappe serienmäßig
1298 Roadster, 1338 Coupé (16.3.1956)
Türverkleidungen bei Roadster und Coupé vereinheitlicht
1399 Roadster, 1426 Coupé (27.3.1956)
Neues Zündschloß (545 1413)
1695 Roadster, 1750 Coupé (11.4.56)
Kühlerdeckel von Renk eingeführt (Öffnungsdruck 1 bar)
1753 Roadster, 1815 Coupé
Lichthupenfunktion serienmäßig
1998 (24.4.1956)
Heizgebläse auf Fahrerseite, zweites Bosch-Hupenhorn sowie Bremsservo Ate T50 serienmäßig
2180 (8.5.1956)
Komplette Fahrgestellnummer in der Nähe des Typenschilds in die Karosserie eingeschlagen
2243 Coupé, 2311 Roadster (16.5.1956)
Zeituhr in Handschuhfachklappe serienmäßig
2263 (13.5.1956)
Querträger in Fahrschemel erhält Aussparung für leichtere Demontage des Ölfiltergehäuses
2325
Ansaugstutzen mit Anschluß für Unterdruckschlauch des Ate-Bremsservos (ab Motornummer 2309); Auslaßventile zwecks verbesserter Kühlung natriumgefüllt (ab Motornummer 2311)
2364 Roadster, 2397 Coupé (19.5.1956)
Übersetzung der Fensterkurbeln von 3,5 auf 6 geändert
2679 (11.6.1956)
Größere Rückleuchten von Limousine Typ 220 / 220S eingeführt (ausgenommen Fahrgestellnummern 2680, 2683, 2701)
2894
Öleinfüllöffnung von linkem Achsrohr in Differentialgehäuse verlegt
3051 Roadster, 3160 Coupé (28.6.1956)
Kennzeichenmontage geändert, noch nicht ausgelieferte Fahrzeuge entsprechend modifiziert
3246
Lichtmaschinentyp 000 154 4802 statt 000 154 2502 (ab Motornummer 3035)
3314
Einlaßkanäle vergrößert (ab Motornummer 3204)
o.A. (11.8.1956)
Fahrschemel erhält Abschleppöse
3551
Verdichtungsverhältnis 8,8 : 1 bei Motornummern 3566 - 3615
3618
Zylinderkopfdichtung mit Stahleinlage zwischen Zylindern 2 und 3
3630 Roadster, 3634 Coupé (18.9.1956)
Aluminiumblechversteifung des Kartenfachs in der Wandung von 1 auf 0,8 mm reduziert

3681
Ölwanne in Zylinderkopf um 4 mm tiefer, Höhe des Schwallstegs entsprechend von 28 auf 32 mm erhöht
3725 (2.11.1956)
Außenspiegel für den Binnenmarkt serienmäßig
3766
Zahnrad des 3. Gangs nadelgelagert (ab Getriebenummer 3836)
3782
Gehäuse und Abdeckung des Lenkgetriebes modifiziert (ab Lenkgetriebenummer 3764LL)
3788
Verdichtungsverhältnis 8,8 : 1 serienmäßig (ab Motornummer 3804)
3881 (12.11.1956)
Motorhaube und Kofferraumdeckel verstärkt (Blechstärke von 1,25 auf 1,5 mm erhöht)
3968 (1.12.1956)
Ab 29.10.1956 verbaute Türfangbänder ersetzt durch vorhergehenden Typ

1957

51 (4.1.1957)
Konvexes Streuglas für Rückleuchten eingeführt
100 (14.1.1957)
Tankpegelschwimmer aus Kunststoff statt Kork
136 (14.1.1957)
Ventildeckel auf Zündkerzenseite verstärkt (Motornummern 90 - 150 / 57 und ab 158)
214 (31.1.1957)
Lagerschalen Typ VP3 von Vanderwell (ab Motornummer 271)
367 (31.1.1957)
Lagerschalen von Haupt- und Pleuellagerzapfen auf Ausführungen von Laucherthal umgestellt (ab Motornummer 339)
412 (27.2.1957)
Innentürgriffe modifiziert (ebenfalls Fahrgestellnummern 391 - 394)
491 (27.2.1957)
Kupplungsdruckplatte mit 450 kg Kontaktdruck
639 (2.4.1957)
Schwallsteg in Zylinderkopf auf 38 mm erhöht, Nockenwellenlager auf Stirnseite modifiziert (ab Motornummer 634)
715 (25.4.1957)
Höhe der hinteren Motorlagerung von 22,5 auf 17,5 mm reduziert
936 (18.4.1957)
Alfin-Bremstrommeln mit 4 Belüftungsbohrungen (ab Vorderachsnummer 913)
983 (18.4.1957)
Kreuzgelenk vorn an Kardanwelle verstärkt, Schmiernippel angewinkelt statt gerade (ebenfalls Fahrgestellnummern 918, 954, 976 - 979)
1194 (21.5.1957)
Kurbelwellenwangen mit verringertem Hub, zusätzliche Distanzscheibe zur Vorbeugung gegen Ölverluste (ab Motornummer 1188)
1283 (3.7.1957)
Kupplungsglocke mit 5 Verstärkungsrippen (ab Antriebsstrangnummer 1253, ebenfalls Fahrgestellnummer 1267)
1433 (23.7.1957)
Befestigungsmuttern des Ventildeckels modifiziert (ab Motornummer 1452)
1440 (23.7.1957)
Kupplungsbelag der Schwungradseite von Klinger statt von Rusko hergestellt (ab Motornummer 1424)
1451 (23.7.1957)
Kennzeichenleuchten von Heckblech in Stoßstangenhörner verlegt
1719 (23.7.1957)
Dichtflächenbreite der Ölwanne von 6 auf 15 mm erhöht (ab Motornummer 1665)
1849 (30.8.19579
Bremsbeläge hinten (Typ Energit) ungeteilt ausgeführt (ab Hinterachsnummer 1815)
2191 (30.9.1957)
Bremsbeläge Textar V 643 (ab Hinterachsnummer 2212)

Eine weitere Plakette mit eingeprägter Fahrgestellnummer findet sich beim 190 SL im unteren Bereich der linken B-Säule.

2265 (2.10.1957)
US-Fahrzeuge mit roten statt gelben Blinkergläsern
2461 (19.10.1957)
Netzelement in Kraftstoffilter durch Papierelement ersetzt
2612 (30.10.1957)
Stoßdämpfer in spezieller Exportversion mit 5 statt 3 mm dicker Montageplatte
2838 (18.11.1957)
US-Fahrzeuge mit selbstrückstellendem Blinkerhebel

1958

112 (3.1.1958)
US-Fahrzeuge ohne Trennsteg zwischen Brems- und Schlußlicht
620 (17.2.1958)
Fahrgestellnummer nicht mehr eingeschlagen in Längsträger, sondern auf Metallschild an vorderer Rahmengabelung
898 (18.3.1958)
Plexiglas-Sonnenblenden bei Roadster durch gepolsterte Versionen ersetzt, Beifahrerseite zusätzlich mit Schminkspiegel
1000 (25.3.1958)
Fahrgestellnummer erneut direkt in Rahmenholm eingeschlagen (ebenfalls Fahrgestellnummern 963, 948, 949, 952, 954 - 956, 959 - 961)
1025 (1.4.1958)
Steuerkettenspanner modifiziert (ab Motornummer 901)
1039 (2.4.1958)
Bremsankerplatte von 3 auf 3,5 mm verstärkt
1287 (5.5.1958)
Plexiglas-Sonnenblenden bei Coupé durch gepolsterte Versionen ersetzt, Beifahrerseite zusätzlich mit Schminkspiegel
1310 (7.5.1958)
Wasserpumpenrad mit vergrößerten Flügeln (ab Motornummer 1223)
1390 (22.5.1958)
Zahnrad des 3. Gangs mit zweireihigem Nadellager (ab Getriebenummer 1411)
1433 (29.5.1958)
Lenkspindelrohr der US-Version ebenfalls für alle anderen Fahrzeuge
1804 (31.7.1958)
US-Fahrzeuge mit modifizierten Blink- und Standleuchten
1847 (31.7.1958)
Lenkschloß serienmäßig, zusätzlicher Starterknopf (ebenfalls Fahrgestellnummern 1841, 1843, 1844)
2119 (16.9.1958)
Mechanische Zündzeitpunktverstellung über Hebel statt Seilzug (ab Motornummer 2048)
2224 (6.10.1958)
Ölwanne verstärkt (ab Motornummer 2233)
2283 (15.10.1958)
Typenschild zusätzlich mit Baujahrangabe „1959" (ausgenommen US-Fahrzeuge)
2371 (30.10.1958)
Asymmetrisches Abblendlicht

1959

48 (5.1.1959)
Zugänglichkeit der Bremseinsteller verbessert (ab Hinterachsnummer 11977)
115 (13.1.1959)
Kurbelwellen-Ausgleichsgewichte modifiziert
153 (19.1.1959)
Schlüssel für Tankdeckel und Türen vereinheitlicht
226 (23.1.1959)
Lenksäule von 206,5 auf 210,5 mm verlängert
406 Coupé, 407 Roadster (11.2.1959)
Mitteltunnelausschnitt für Schaltknüppel von 85 × 80 mm auf 90 × 80 mm vergrößert
1008 (8.4.1959)
Nebelleuchten optional
1055 (8.4.1959)
Ölablaßschraube in Durchmesser von 32 auf 36 mm vergrößert (ab Getriebenummer 1040)
1276 (21.4.1959)
Asymmetrische Scheinwerfer ebenfalls für Exportfahrzeuge
1820 (9.6.1959)
Auslaßventilführungen von 20,5 auf 19,5 mm verkürzt (ab Motornummer 1773)
2159 - 2184 (6.7.1959)
Schloß der Handschuhfachklappe ohne Staubdeckel
2260 (21.7.1959)
Nockenwellenlager geändert
2369 Roadster, 2370 Coupé (22.7.1959)
Scheibenwaschanlage serienmäßig
14938 Coupé, 14942 Roadster (29.9.1959)
Beifahrer-Sonnenblende bei Hardtop entfällt, Roadster dafür mit Schminkspiegel auf Beifahrerseite
14956 (1.10.1959)
Typenschild mit Baujahrangabe „1960" (ausgenommen US-Fahrzeuge)
15062 (9.10.1959)
Coupé-Hardtop mit Panoramaheckscheibe
15122 (15.10.1959)
Roadster-Hardtop mit Panoramaheckscheibe
15174 (21.10.1959)
Achsrohrmanschetten mit drei statt zwei Falten (ab Hinterachsnummer 15121)
15276 (2.11.1959)
Rückleuchte rechts mit Rückfahrscheinwerfer serienmäßig (zuvor nur US-Fahrzeuge)

1960

16076 (1.2.1960)
Fensterkurbeln mit Überdrehschutz
16302 (22.2.1960)
Lackcodeplakette von Motorraum verlegt an A-Säule neben Karosserienummerplakette, Karosserienummer weiterhin eingeschlagen in Motorspritzwand
16377 (23.2.1960)
Blinkleuchten vorn mit 18 statt 15 W-Glühlampen
16559 (14.3.1960)
Querbohrung in Verschlußschraube der Wasserpumpe von 3 auf 6 mm vergrößert
16881 (25.4.1960)
Türschlösser mit Doppelflankenführung von Bomoro eingeführt
18014 (29.7.1960)
Massekabel der Batterie verkürzt
18171 (11.8.1960)
Seilzughülle des Handbremskabels aus Polyamid (ab Hinterachsnummer 11131)
18347 (31.8.1960)
Griff des Kofferraumdeckels modifiziert
19202 (10.11.1960)
Zündkerzentyp Beru D200 14 3 (ab Motornummer 19336)
19294 (18.11.1960)
Zündverteiler Bosch VJR BR 24T (ab Motornummer 19400)
19505 (5.12.1960)
Kupplungsglocke von Limousine Typ 190D verbaut (ab Motornummer 19534)
19756 (28.12.1960)
Bosch-Scheinwerfer mit verzinktem Gehäuse

1961

19850 (31.1.1961)
Tankdeckel mit Mercedes-Stern und Aufschrift „Ohne Lüftung"
20158 (31.1.1961)
Knöpfe von Heizungs- und Lüftungshebeln aus Hostalen
20875 (14.4.1961)
Zündkerzentyp Bosch W200 T27 (ab Motornummer 21116)
21374 (24.5.1961)
Ventilsitzringe aus Pleuco 7 V 300 (ab Motornr. 21538)
21524 (7.6.1961)
Dehnschrauben am Motorblock ersetzt durch Verschlußschrauben (ab Motornummer 21666)
22018 (25.7.1961)
Kurbelgehäuse modifiziert (ab Motornummer 22171)
22093 (27.7.1961)
Innerer Aufbau der Schlösser modifiziert
22423 (19.8.1961)
Nockenwellenlager auf Stirnseite mit Nut gegen Sauggeräusche
22932 (19.10.1961)
Montagepunkte für Sicherheitsgurte eingeführt
23008 (2.11.1961)
Hinterer Befestigungsbolzen an Auspuffkrümmer ohne Unterlegscheibe
23025 (27.10.1961)
Kurbelwellen- und Pleuellagerzapfen Nummern 1 und 4 oberflächengehärtet

1962

23710 (15.1.1962)
Zahnradbreite von 2. Gang von 16 auf 17 mm vergrößert, von 3. Gang von 20,5 auf 19,5 mm verringert (ab Getriebenummer 24022)
23810 (29.1.1962)
Bosch-Horn in Lautstärke auf 100 db begrenzt
23917 (8.2.1962)
Montagebohrungen für Sicherheitsgurtpeitschen am Kardantunnel mit Dichtstopfen verschlossen
24161 (9.3.1962)
Bremsbacken geändert, Textar-Bremsbeläge Typ V643 eingeführt (ab Hinterachsnummer 17089)
24289 (30.3.1962)
Handbremshebel verstärkt (ab Hinterachsnummer 17212)
24548 (24.4.1962)
Zündverteiler Bosch VJR 4 BR 29 T (ab Motornr. 2463)
24644 (18.5.1962)
Kolben von Mahle oder Nural verbaut (ab Motornr. 2559)
24765 (29.5.1962)
Radhäuser vorn zwecks Korrosionsschutz mit PVC-Beschichtung
25054 (27.7.1962)
Nebelleuchten mit gelb eingefärbtem Reflektor statt gelber Streuscheibe
25214 (21.8.1962)
Dichtringe und Dichtungen der Wasserpumpe geändert (ab Motornummer 3147)
25285 (33.9.1962)
Bremsbeläge von Textar durch Ausführungen von John Manville ersetzt (ab Vorderachsnummer 25606)
25550 (28.10.1962)
Steuerkettengehäuse modifiziert
25620 (12.11.1962)
Vorderes Ausgleichsgewicht der Kurbelwelle erhält statt Kopfbundschraube eine Dehnschraube mit Unterlegscheibe (ab Motornummer 3568)
25732 (30.11.1962)
Dichtung zwischen Getriebegehäuse und -deckel eingeführt (ab Getriebenummer 26066)

Optionen & Accessoires

Der Zubehörkatalog des 190 SL umfaßte u.a. Hardtop, Lederkoffersatz, Lederinterieur, Kotflügelspiegel für die Beifahrerseite, Radio (Becker oder Blaupunkt) sowie Weitstrahler.

Produktionszahlen

1955	1727
1956	4032
1957	3332
1958	2722
1959	3949
1960	3977
1961	3792
1962	2246
1963	104
Gesamt	25881

Abmessungen & Gewichte

Länge (mm)	4290
Breite (mm)	1740
Höhe, fahrfertig (mm)	1320
Radstand (mm)	2400
Spurweite vorn (mm)	1430
Spurweite hinten (mm)	1470
Wendekreis (m)	11
Bodenfreiheit (mm)	155
Leergewicht (kg)	1140
Zul. Gesamtgewicht (kg)	1400
Zuladung (kg)	260
Zul. Achslast vorn (kg)	680
Zul. Achslast hinten (kg)	720

230/250/280 SL

Detailänderungen

230 SL

Fahrgestellnummern mit Präfixcode 113.042
3 (Juni 1963)
Erstes Exemplar mit elfenbeinfarbenem Lenkrad sowie Instrumenten mit englischsprachiger Beschriftung (siehe Fahrgestellnummer 24)
8 (8.4.1963)
Gummipuffer an Radaufhängungen des Hilfsrahmens sowie Motorlagerungen eingeführt
9 (9.4.1963)
Neue Kühlerausführung um 60 mm nach oben verlegt
11 (April 1963)
Karosserie mit Grundierung behandelt (ebenso Karosserien 4, 6 und 9)
13 (Juni 1963)
Erstes Exemplar mit Lenkservo (SA 10560)
20 (30.5.1963)
Erstes Exemplar mit kunstlederbezogenem Fond-Quersitz (SA 55632/1), Heizungsanschluß modifiziert; Ventilteller mit konischer Oberfläche, Einspritzpumpe mit Regler Typ EP/RLA 1/1, Kraftstoffrückführungsleitung mit 2,5 mm Innendurchmesser, Halterung von Einspritzpumpe modifiziert (ab Motornummer 20)
23 (Juni 1963)
Erstes Exemplar mit echtlederbezogenem Fond-Quersitz (SA 55632/2)
24 (Juni 1963)
Erstes Serienfahrzeug mit elfenbeinfarbenem Lenkrad sowie Instrumenten mit englischsprachiger Beschriftung (siehe Fahrgestellnummer 3)
27 (Juni 1963)
Sitzverstellung auf Fahrerseite verstärkt, erste 26 Fahrzeuge entsprechend modifiziert
30 (Juni 1963)
Verstärkte Stoßdämpferaufnahmen und neue Achswellendichtringe (ab Hinterachsnummer 35)
38 (Juni 1963)
Kühlwasserthermostat modifiziert (ab Motornummer 42)
46 (26.6.1963)
Überdruckventil an Ventildeckel eingeführt (ab Motornummer 58)
61 (Juli 1963)
Griff der Handschuhfachklappe geändert
80 (10.7.1963)
Lenkservo mit verbesserter Ölpumpe, Masselitze zwischen Lichtmaschine und Motorblock (ab Motornummer 76)
155 (7.8.1963)
Hintere Schraubenfedern zur Vibrationsminderung ersetzt durch neuen Federtyp
160 (5.8.1963)
Dämpferelement an Drosselklappe gegen ungleichmäßigen Motorlauf bei Schiebebetrieb (ab Motornummer 169); neuer Ölpeilstab samt Führungsrohr (ab Motornummern 169,-0-' und 004,-2-')
203 (15.8.1963)
Anschluß für Benzinleitung und Benzinpumpe auf Vorderseite des Kraftstofftanks verlegt
687 (16.10.1963)
Türschlösser modifiziert (teilweise bereits ab Fahrgestellnummer 258)
275 (30.8.1963)
Handschuhfachleuchte geändert
365 (13.9.1963)
Einzelne Verstärkungsrippe ersetzt bisherige Doppelrippe (ab Hinterachsnummer 376)
447 (20.9.1963)
Mahle-Kolben mit niedrigerem Kopfdurchmesser zur Vorbeugung gegen Kolbenklemmer
495 (1.10.1963)
Innenverkleidung der Motorhaube für Master-Vac-Bremsservo modifiziert
529 (1.10.1963)
Exportfahrzeuge mit eingeschlagener Baujahrangabe „1964"
600 (7.10.1963)
Erstes Exemplar mit Automatikgetriebe
654 (10.10.1963)
Abblend-Fußschalter modifiziert
730 (22.10.1963)
Motorlagerungen modifiziert (ab Motornummern 507,-0-' und 005,-2-')
773 (24.10.1963)
Einfahröl-Spezifikation von SAE 20 auf SAE 10 geändert (ab Motornummern 785,-0-' und 015,-2-')
810 (26.10.1963)
Karosseriebefestigung des Stoffverdecks modifiziert
915 (8.11.1963)
Armlehnen modifiziert
977 (15.11.1963)
Bremsklötze mit Wasserablauffuge
1028 (15.11.1963)
Bohrungen in Alfin-Bremstrommeln mit Stahlkragen verstärkt (ab Hinterachsnummer 1024)
1176 (26.11.1963)
Karosserienummer nicht mehr eingeschlagen in der Kühlerhalterung, sondern auf separater Metallplakette
1293 (3.12.1963)
Kurbelgehäuseschrauben und Pleuelfußschrauben modifiziert (ab Motornummer 1265,-0-')
1307 (3.12.1963)
Kurbelgehäuseschrauben und Pleuelfußschrauben modifiziert (ab Motornummer 111,-2-')
1335 (9.12.1963)
Motorhaube erhält zusätzliche Stütze
1472 (13.12.1963)
Verstärkte Pleuel (ab Motornummer 1431,-0-')
1488 (18.12.1963)
Verstärkte Pleuel (ab Motornummer 135,-2-')
1561 (18.12.1963)
Verbesserter Kurbelmechanismus und Führungsschienen für Seitenfenster
1700 (8.1.1964)
Bordwerkzeug erhält korrosionsbeständige Oberfläche
1898–2019, 2020ff. (29.1.1964)
Einige Motoren der Ausführung „0" (Motornummern 1790–1877 sowie 1878ff.) erhalten Kolben mit ovaleren Hemden gegen Klemmneigung
1910 (21.1.1964)
Nockenwelle mit Zinnbeschichtung (ab Motornummer 1773,-0-')
1911 (21.1.1964)
Nockenwelle mit Zinnbeschichtung (ab Motornr. 203,-2-')

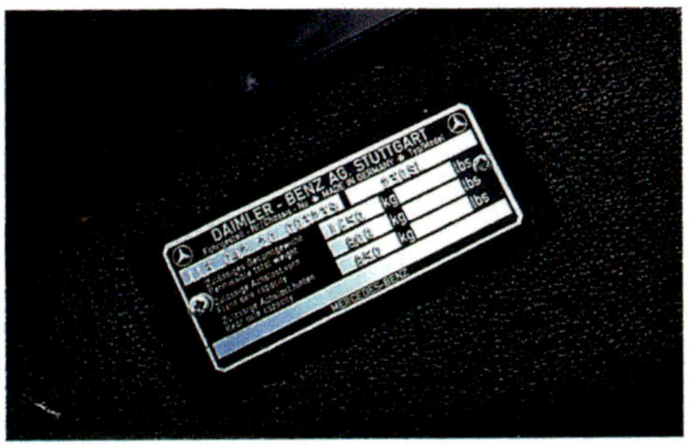

230/250/280 SL verfügen über ein Typenschild mit kombinierter Angabe von Fahrgestellnummer und Gewichtsangaben, angeschraubt an der Motorspritzwand.

1911 – 1921, 2022 ff. (21.1.1964)
Einige Motoren der Ausführung „2" (Motornummern 203 – 220 sowie 221 ff.) erhalten Kolben mit ovaleren Hemden gegen Klemmneigung
2038 (3.2.1964)
Hupenring modifiziert, Lenkrad vibrationsmindernd verstärkt (ebenfalls Fahrgestellnummer 2035)
2402 (21.2.1964)
Mahle-Kolben mit vier Ringen, größerer Ovalität und Spiel von 0,03 mm, oberer Kolbenring mit Oberflächenverzinnung (ab Motornummer 2215 ,-0-')
2407 – 2673 (21.2.1964 bis 6.3.1964)
Gehäuse der Schaltgetriebe (Getriebenummern 2368 – 2553) erhalten tiefer ausgeprägte Verstärkungsrippen
2413 (21.2.1964)
Mahle-Kolben mit vier Ringen, größerer Ovalität und Spiel von 0,03 mm, oberer Kolbenring mit Oberflächenverzinnung (ab Motornummer 324 ,-2 ')
2441 (24.2.1964)
Kolbenspiel von 0,03 auf 0,05 mm erhöht (ab Motornummer 2265 ,-0-')
2455 (25.2.1964)
Kolbenspiel von 0,03 auf 0,05 mm erhöht (ab Motornummer 324 ,-2-')
2671 (6.3.1964)
Öffnungsdruck des Ölabblasventils im Ventildeckel von 6 auf 5 bar reduziert (ab Motornummer 2465 ,-0-')
2672 (6.3.1964)
Öffnungsdruck des Ölabblasventils im Ventildeckel von 6 auf 5 bar reduziert (ab Motornummer 335 ,-2-')
2903 (19.3.1964)
Fahrzeuge mit Schaltgetriebe erhalten verstärkte Türscharniere aus verzinktem Stahl
2969 (23.3.1964)
Fahrzeuge mit Automatikgetriebe erhalten verstärkte Türscharniere aus verzinktem Stahl
3321 (13.4.1964)
Schwungrad modifiziert (ab Motornummer 2921 ,-0-')
3616 (11.5.1964)
Exportfahrzeuge erhalten Ölbadluftfilter
3876 (11.5.1964)
Zündverteiler Typ IFUR6 mit modifizierter Zündzeitpunktverstellung (ab Motornummer 3529 ,-0-')
3900 (12.5.1964)
Zündverteiler Typ IFUR6 mit modifizierter Zündzeitpunktverstellung (ab Motornummer 579 ,-2-')
4426 (11.6.1964)
Bremssattel modifiziert (ab Vorderachsnummer 49077)
4470 (10.6.1964)
Vorderachse erhält längere Schraubenfedern
5496, 5499 ff. (30.7.1964)
Stahlscheibenräder 6J × 14 Zoll ersetzen 5.5J × 14 Zoll; unterer Querlenker modifiziert, ausgenommen Fahrgestellnummern 5500, 5502, 5505, 5506, 5509, 5510, 5513, 5521, 5590
5584 (5.8.1064)
Linksgesteuerte Fahrzeuge erhalten neuen Bremslichtschalter
5609 (6.8.1964)
Rechtsgesteuerte Fahrzeuge erhalten neuen Bremslichtschalter
5830 (20.8.1964)
Rechtes Achsrohr um 2,5 mm gekürzt, Kreuzgelenk verstärkt (ab Hinterachsnummer 5929)
5981 (25.8.1964)
Neues Wasserpumpengehäuse für Motorenausführung ,-0-'
6050 – 14106 (28.8.1964 – 5.11.1965)
Neues Wasserpumpengehäuse für Motorenausführung ,-2-', Verdichtungsverhältnis von Zylinder 1 um 0,4 : 1 , von Zylinder 2 um 0,2 : 1 reduziert
6069 (2.9.1964)
Einzelexemplar mit flach statt stehend im Kofferraum montiertem Reserverad
7205 (23.10.1964)
Fahrzeuge mit Automatikgetriebe erhalten „Automatic"-Schriftzug auf Kofferraumklappe, Reserverad flach liegend montiert, entsprechende Mulde im Kofferraumboden entfällt (ausgenommen 7216, 7232, 7277)
7318 (29.10.1964)
Bremsklötze Ferodo DS 31 (ab Vorderachsnummer 75481)
7681 (19.11.1964)
Faltverdeckgestänge durch zusätzliche Schleppspriegel gegen „Aufblähen" verstärkt
8407 (18.12.1964)
Steuerkettenspanner erhält geänderte Feder (ab Motornummer 7302 ,-0-')
8433 (21.12.1964)
Steuerkettenspanner erhält geänderte Feder (ab Motornummer 7302 ,-2-')
8765 (15.1.1964)
Kupplungsdruckplatte modifiziert (ab Motornummer 7531 ,-0-')
8769 (15.1.1965)
Vorderbau modifiziert für Anpassung an größere Reifenbreite (Radposition, Kotflügel, Zierteile), ebenfalls Fahrgestellnummern 8750 und 8752 – 8764
9065 (29.1.1965)
Fahrzeuge ohne Radio erhalten keine Funkentstörung
9255 (11.2.1965)
Vordere Schraubenfedern modifiziert für erhöhte Bodenfreiheit
9401 (18.2.1965)
Handschuhfachklappe erhält Chromeinfassung
9816 (12.3.1965)
Abdeckplatte des Getriebegehäuses modifiziert (ab Automatikgetriebenummer 2080)
10073 (29.3.1965)
Lehne von Fond-Quersitz um 15 mm verkürzt
11164 (26.4.1965)
Mahle-Kolben mit drei Ringen, Ringe 1 und 2 molybdängefüllt, Ring 3 dreiteilig, Kolbenspiel 0,03 mm, Pleuelstangen von 137 auf 125 mm verkürzt (ab der Motornummer 9302 ,-0-')
11204 (31.5.1965)
Mahle-Kolben mit drei Ringen, Ringe 1 und 2 molybdängefüllt, Ring 3 dreiteilig, Kolbenspiel 0,03 mm, Pleuelstangen von 137 auf 125 mm verkürzt (ab der Motornummer 2358 ,-2-')
12343 – 12352, 12354, 12366, 12369 – 12376, 12378 – 12387, 12389 – 12412, 12424 – 12444, 12446 – 12465, 12467 ff. (6.8.1965)
230 SL teilweise modifiziert entspechend der neuen Baureihe W108/W109, ausgenommen 2,5-Liter-Triebwerk M129; Kofferraumleuchte, Türgriffe und Fensterkurbeln in Interieurfarbe, identische Behälter für Kupplungs- und Bremsflüssigkeit, Sitze modifiziert
12497 (9.8.1965)
US-Fahrzeuge mit Warnblinkanlage
13007 (6.9.1965)
Nockenwellenrad, Zwischenrad und Steuerkettenspannerrad erhalten spezielle Lagerung
13640 (11.10.1965)
Motorblock, OT-Markierung, Zündkabel und Wasserpumpe geändert (ab Motornummer 11122 ,-0-' und Motornummer 3177 ,-2-')

Eine weitere Plakette mit eingeprägter Fahrgestellnummer findet sich bei 230/250/280 SL ebenfalls am rechten Innenkotflügel.

13714 (14.10.1965)
Schlepphebel und Ventildeckel geändert (ab Motornummer 11153 ,-0-' und Motornummer 3215 ,-2-')
13865 (22.10.1965)
Motoren erhalten Gußkrümmer von M129, Auspuffanlage entsprechend modifiziert
13876 (25.10.1965)
Übersetzungsverhältnis 3. Gang reduziert von 1,53 : 1 auf 1,42 : 1
13979 (3.11.1965)
Wasserablauffuge in Bremsklötzen entfällt (ab Vorderachsnummer 128961)
14064 (5.11.1965)
Neues Stahlscheibenrad
14113 (8.11.1965)
Zündverteiler IFUR 6 (ab Motornummer 11356 ,-0-')
14160 (10.11.1965)
Zündverteiler IFUR 6 (ab Motornummer 3426 ,-2-')
14259 (19.11.1965)
Schaltgestänge modifiziert
14274 (22.11.1965)
Kraftstofftank mit 82 Litern Fassungsvermögen erfordert Änderungen an Karosserie, Bodengruppe, Quer- und Längsträgern
14394 (29.11.1965)
Neue Zündverteilerkappe (ab Motornummer 3504 ,-2-')
14444 (7.12.1965)
Neue Zündverteilerkappe (ab Motornummer 11702 ,-0-')
15693 (18.3.1966)
Bodenblech modifiziert für Dreipunkt-Sicherheitsgurt
15952 (April 1966)
Linksgesteuerte Fahrzeuge erhalten asymmetrische Sealed-Beam-Scheinwerfer
16411 (6.5.1966)
Fünfgangschaltgetriebe optional (SA 55540)
16545 (17.5.1966)
Zylinderkopfdichtung geändert (ab Motornummer 12896 ,-0-')
16643 (3.5.1966)
Bremsklötze vorn durch Ausführungen von Fardil ersetzt
16850 (10.6.1966)
Neuer Kühler mit modifizierter Rahmenkonstruktion
16972 (20.6.1966)
Lichtmaschine mit aufgepresster Riemenscheibe (ab Motornummer 13184 ,-0-' und Motornummer 4724 ,-2-')
17828 (18.8.1966)
Mitteltunnel zur Aufnahme von Fünfganggetriebe angepaßt
17854 (24.8.1966)
Neue zweiteilige Kardanwelle mit mittlerem Kreuzgelenk 230 mm weiter vorn (nur Fahrzeuge mit Schaltgetriebe)
17995 (1.9.1966)
US-Fahrzeuge erhalten leistungsstärkere Batterie
18254 (20.9.1966)
Kühlerlüfter mit 8 statt 6 Flügeln
18331 (28.9.1966)
Neue zweiteilige Kardanwelle mit mittlerem Kreuzgelenk 230 mm weiter vorn ebenfalls bei Fahrzeugen mit Automatikgetriebe

18446 (3.10.1966)
Baujahrangabe „1967“
19359 (2.12.1966)
Verdeckspriegel modifiziert (siehe auch 250 SL 004)
19832 (5.1.1967)
Letzter 230 SL

250 SL

Fahrgestellnummern mit Präfixcode 113.043
4 (2.12.1967)
Verdeckspriegel modifiziert (siehe auch 230 SL 19359)
34 (5.1.1967)
Torsionsfeder der Motorhaube bei US-Fahrzeugen mit Lenkservo und Klimaanlage geändert
444 (6.2.1967)
Wärmedämmendes Glas erstmals verbaut (SA 55732/733)
2442 (6.6.1967)
US-Fahrzeuge mit Hinterachsübersetzung 4,08 : 1
2980 (12.7.1967)
Strengere Sicherheitsbestimmungen erfordern folgende Modifikationen: Armlehnen, Türverkleidungen, Außenspiegel, Aschenbecher, Bremsflüssigkeitsstand-Warnleuchte (rot), Knöpfe für Heizungs- und Belüftungshebeleien sowie Schalterknöpfe (jetzt Weichplastik), Fensterkurbeln, Innentürgriffe und- entriegelung, Zünd-/Lenkschloß-Rosette, Zündschlüssel (Kunststoffkopf), Sicherheitslenksäule, Montagepunkte der Sicherheitsgurte, Scheibenwischerarme (mattiert statt verchromt), Motorhaubenverriegelung, geschäumte Kunststoffabdeckungen für Windschutzscheibenrahmen; US-Fahrzeuge mit zusätzlichen Modifikationen: verringerte Emissionswerte, Heizgebläseschalter mit Symbol, Hupenring mattiert, Sicherheitsgurte, beleuchtete Schaltkulisse bei Automatikversionen (Bezeichnung der Leerlaufposition „N“ statt „0“)
4161 (20.9.1967)
Radgröße geändert auf 6J × 14 Zoll
5196 (November 1967)
Letzter 250 SL

280 SL

Fahrgestellnummern mit Präfixcode 113.044
45 (8.12.1967)
Einteilige Radzierblenden eingeführt
3113 (29.5.1968)
Alle Fahrzeuge mit Sicherheits-Zündverteilerkappe
4138 (18.7.1968)
US-Fahrzeuge mit zusätzlichem Starterrelais
5585 (1.10.1968)
Baujahrangabe „1969“
5608 (4.10.1968)
US-Fahrzeuge mit Sealed-Beam-Scheinwerfern ohne Nebelleuchten (nur Blink- und Standlicht)
5620 (3.10.1968)
Zusätzliche Drainagebohrungen im Bodenblech bedingt durch neue Tauchbadlackierung
6619 (28.11.1968)
Bremsservo bei linksgelenkten Fahrzeugen im Durchmesser von 8 auf 9 Zoll vergrößert
6748 (4.12.1968)
Neuer Bremsdruckregler
7938 (7.2.1969)
Neue Rückleuchten mit orangefarbenen Blinkergläsern
10343 (22.5.1969)
Neue Benzinpumpe
11132 (1.7.1969)
Hinterachsübersetzung bei US-Fahrzeugen reduziert von 4,08 : 1 auf 3,92 : 1
11948 (31.7.1969)
US-Fahrzeuge für das Modelljahr 1970 mit folgenden Änderungen: Emissionskontrollsystem mit Drehzahlbegrenzer, neue Sealed-Beam-Scheinwerfer, neues Zündschloß (Schlüssel blockiert in Position „1“), neue Tankentlüftung, Lichtmaschine mit 55 Ah, Transistorzündung, spezielles US-Typenschild (VIN plate)
12089 (7.8.1969)
Warnblinkanlage serienmäßig
14545 (27.11.1969)
Neue Hinterachsübersetzungen: 3,69 : 1 statt 3,92 : 1 (Viergang-Schaltgetriebe), 3,92 : 1 statt 4,08 : 1 (Fünfgang-Schaltgetriebe)
15025 (17.12.1969)
Zierleisten an Hardtop aus Aluminium statt Messing
15824 (3.2.1970)
Exportfahrzeuge für Frankreich serienmäßig mit Warnblinkanlage
20458 – 22306 (16.11.1970)
Kopfbehälter des Kühlers aus Kunststoff statt Stahlblech
23885 (23.2.1971)
Letzter 280 SL

Anmerkung: Die der Motornummer nachfolgende Ziffer dient der Identifizierung von Fahrzeugen mit Schaltgetriebe ‚-0-‘ bzw. Automatikgetriebe ‚-2-‘.

Optionen & Accessoires

Gegen Ende des ersten Produktionsjahrs der Baureihe W113 existierte bereits ein umfangreiches Angebot an Optionen und Accessoires, zum größten Teil angeboten von Daimler-Benz, aber auch teilweise von freien Anbietern. Viele Kunden orderten ein Radio, wobei die meisten über Werksvertretungen bezogenen Geräte von Becker stammen. Erhältlich anfangs in zwei Ausführungen, Europa und Grand Prix, stockte man das Angebot später auf durch Mexico, Europa Stereo sowie dem Radio-/Cassetten-Kombigerät Mexico-Olympia. Als Antenne diente in den meisten Fällen eine elektrische Antenne von Hirschmann, eingebaut in den linken bzw. rechten Vorderkotflügel und eingeschaltet über einen Schalter unterhalb des Armaturenbretts bei Fahrzeugen frühen Baudatums sowie über das Zündschloß bei Fahrzeugen späteren Baudatums.

Colorglas war ebenfalls sehr beliebt, insbesondere in den USA. Ab Spätjahr 1969 wurde für das Hardtop eine Heckscheibenheizung angeboten, die über einen Schalter vorn in der Mittelkonsole zu schalten war. Ein Verbandkasten aus blauem Kunststoff wurde bereits in der Anfangsphase in die Serienausstattung aufgenommen, untergebracht hinter der Seitenverkleidung im Fahrzeugfond. Maßgeschneiderte Kunstlederkoffersätze, drei- oder fünfteilig, waren ebenfalls erhältlich und mittels eines braunen Lederriemens festzuschnallen.

Skihalter erfreuten sich sowohl in Europa als auch in den USA großer Beliebtheit. Erhältlich waren Ausführungen für Fahrzeuge mit Faltverdeck oder Hardtop. Der Halter für das Hardtop ließ sich problemlos auf dem Dach montieren (Skier waagerecht), während der Halter für das Faltverdeck im Bereich über dem Kofferraumdeckel plaziert war, montiert mittels zweier Spannriemen an den Fahrzeugflanken und zweier Halterungen neben den Rückleuchten (Skier schräg). Für das Hardtop war ebenfalls ein Dachgepäckträger erhältlich, der allerdings nur in Kombination mit zwei auf die Dachhaut aufgesetzten Chromleisten montiert werden konnte.

Stoßstangenhörner waren für US-Fahrzeuge von 1969 – 71 erhältlich. Typisch für die USA, präsentierten sich die Hörner verchromt und mit wuchtigen Gummipuffern, waren in dieser Form aber nicht für europäische Fahrzeuge lieferbar. Exportländer mit minderwertigen Benzinsorten belieferte Daimler-Benz mit Fahrzeugen mit verringertem Verdichtungsverhältnis (8,7 : 1).

Schlechten Straßenverhältnissen trat Daimler-Benz mit verstärkten Federn entgegen, wobei die bereits serienmäßig verbauten, verstärkten Bilstein-Stoßdämpfer beibehalten wurden. Erstaunlicherweise bot Daimler-Benz für unwegsame Straßen ebenfalls ein dreiteiliges Set von Unterbodenwannen zum Schutz von Ölwanne, Auspuffanlage und Kraftstofftank an. Mercedes-Kunden dürften dieses Accessoire, das von Daimler-Benz’ Rallyeaktivitäten inspiriert worden war, wohl allerdings nur selten auf ihre Wunschliste gesetzt haben.

Eine Servolenkung war ebenso erhältlich wie auch eine Klimaanlage, wobei beide Optionen vornehmlich in den USA – insbesondere die Klimaanlage in Kalifornien – beliebt waren. Bereits in der Anfangsphase der Produktion wurde auch ein Feuerlöscher angeboten, der an einer Halterung vor dem Fahrersitz zu montieren war. Wärmedämmendes Glas war ab Beginn des Jahres 1967 erhältlich. Permanent zum offiziellen Zubehörprogramm zählten Bosch-Zweiklangfanfare, Lederinterieur, Weißwandreifen, Zusatz-Nebelleuchten für Stoßstangenmontage, Sicherheitsgurte, Abschleppöse sowie Kotflügelspiegel für die Beifahrerseite. Ab Modelljahr 1970 bis Produktionsende ergänzten aufpreispflichtige Leichtmetallräder das Programm.

Gegen Ende der sechziger Jahre lief die Entwicklung der dritten SL-Generation, W107 SL und SLC, bereits auf Hochtouren.

Von Grund auf optisch und technisch neu gestaltet, aufbauend auf einem vollkommen überarbeiteten Fahrgestell und angetrieben von einem 3,5-Liter-V8, schloß man die Entwicklung des neuen SL schon vor dem geplanten Termin ab, so daß der W113 durchaus in den optionalen Genuß des neuen Antriebsaggregats hätte kommen können. Ein einziger 280 SL jedoch wurde in privater Hand entsprechend umgerüstet, Daimler-Benz führte derlei Umbauten allerdings nicht durch.

Produktionszahlen

230 SL

1963	1465
1964	6911
1965	6325
1966	4945
1967	185
Gesamt	19831

250 SL

1966	17
1967	5177
1968	2
Gesamt	5196

280 SL

1967	143
1968	6930
1969	8047
1970	7935
1971	830
Gesamt	23885

Abmessungen & Gewichte

230 SL

Länge (mm)	4285
Breite (mm)	1760
Höhe, Coupé fahrfertig (mm)	1305
Höhe, Roadster fahrfertig (mm)	1320
Radstand (mm)	2400
Spurweite vorn (mm)	1474
Spurweite hinten (mm)	1487
Wendekreis (m)	10,35
Leergewicht (kg)	1295
Zul. Gesamtgewicht (kg)	1650
Zul. Achslast vorn (kg)	800
Zul. Achslast hinten (kg)	850

250/280 SL (wo abweichend)

Spurweite vorn (mm)	1484
Spurweite hinten (mm)	1485
Leergewicht (kg)	1360
Zul. Gesamtgewicht (kg)	1715
Zul. Achslast vorn (kg)	830
Zul. Achslast hinten (kg)	885

FARBKOMBINATIONEN

300 SL Flügeltürer & Roadster

Lackfarbe	Polsterung	Teppiche	Himmel	Hardtop
Schwarz (DB40)	Rot (641)	Mittelrot (1080)	Weiß	-
	Schwarz (953)	Schwarz (1090)	Weiß	-
	Grau (955)	Grau (955)	Grau (L13)	-
	Creme (1060)	Creme (L2)	Creme (E4)	-
	Natur (1068)	Beige (1059)	Beige (E15)	-
	Dunkelgrün (1073)	Grün (L3)	Grüngrau (E14)	-
	Grün (1078)	Grün (L3)	Grüngrau (E14)	-
	Rot (1079)	Mittelrot (1080)	Weiß	Weiß (DB50)
	Perlgrau (1083)	Grüngrau (1070)	Creme (E4)	-
	Hellrot (1088)	Mittelrot (1080)	Weiß	Weiß (DB50)
Weiß (DB50)	Mittelblau (354)	Metallicblau (L1)	Grau (L13)	-
	Rot (641)	Mittelrot (1080)	Weiß	Schwarz (DB40)
	Schwarz (953)	Schwarz (1090)	Weiß	Schwarz (DB40)
	Natur (1068)	Beige (1059)	Beige (E15)	Schwarz (DB40)
	Dunkelgrün (1073)	Grün (L3)	Grüngrau (E14)	-
	Grün (1078)	Grün (L3)	Grüngrau (E14)	-
	Rot (1079)	Mittelrot (1080)	Weiß	-
	Hellrot (1088)	Mittelrot (1080)	Weiß	Schwarz (DB40)
Weißgrau (DB158)	Mittelblau (354)	Metallicblau (L1)	Grau (L13)	-
	Rot (641)	Mittelrot (1080)	Weiß	Graphitgrau (DB190)
	Schwarz (953)	Mittelrot (1080)	Weiß	-
	Blau (979)	Blau (979)	Grau (L13)	-
	Natur (1068)	Beige (1059)	Beige (E15)	-
	Dunkelgrün (1073)	Grün (L3)	Grüngrau (E14)	-
	Grün (1078)	Grün (L3)	Grüngrau (E14)	-
	Rot (1079)	Mittelrot (1080)	Weiß	Graphitgrau (DB190)
	Hellrot (1088)	Mittelrot (1080)	Weiß	Graphitgrau (DB190)
Blaugrau (DB166)	Rot (641)	Mittelrot (1080)	Weiß	-
	Schwarz (953)	Schwarz (1090)	Weiß	-
	Grau (955)	Grau (955)	Grau (L13)	Weißgrau (DB158)
	Blau (979)	Blau (979)	Grau (L13)	Weißgrau (DB158)
	Creme (1060)	Creme (L2)	Creme (E4)	-
	Natur (1068)	Beige (1059)	Beige (E15)	-
	Rot (1079)	Mittelrot (1080)	Weiß	-
	Hellrot (1088)	Mittelrot (1080)	Weiß	-
Graphitgrau (DB190)	Rot (641)	Mittelrot (1080)	Weiß	Weißgrau (DB158)
	Grau (955)	Grau (955)	Grau (L13)	-
	Creme (1060)	Creme (L2)	Creme (E4)	-

Lackfarbe	Polsterung	Teppiche	Himmel	Hardtop
	Natur (1068)	Beige (1059)	Beige (E15)	-
	Rot (1079)	Mittelrot (1080)	Weiß	-
	Hellrot (1088)	Mittelrot (1080)	Weiß	-
Perlmuttgrün (DB213)	Schwarz (953)	Schwarz (1090)	Weiß	Schwarz (DB40)
	Creme (1060)	Creme (L2)	Creme (E4)	Schwarz (DB40)
	Natur (1068)	Beige (1059)	Beige (E15)	Schwarz (DB40)
	Natur (1068)	Beige (1059)	Beige (E15)	Elfenbein (DB608)
	Dunkelgrün (1073)	Grün (L3)	Grüngrau (E14)	Schwarz (DB40)
	Grün (1078)	Grün (L3)	Grüngrau (E14)	Schwarz (DB40)
Hellblau (DB334)	Mittelblau (354)	Metallicblau (L1)	Grau (L13)	Weißgrau (DB158)
	Schwarz (953)	Schwarz (1090)	Weiß	-
	Grau (955)	Grau (955)	Grau (L13)	-
	Blau (979)	Blau (979)	Grau (L13)	-
	Creme (1060)	Creme (L2)	Creme (E4)	-
	Natur (1068)	Beige (1059)	Beige (E15)	-
Feuerwehrrot (DB534)	Mittelblau (354)	Metallicblau (L1)	Grau (L13)	Schwarz (DB40)
	Schwarz (953)	Schwarz (1090)	Weiß	Schwarz (DB40)
	Grau (955)	Grau (955)	Grau (L13)	-
	Creme (1060)	Creme (L2)	Creme (E4)	Schwarz (DB40)
	Natur (1068)	Beige (1059)	Beige (E15)	Schwarz (DB40)
Elfenbein (DB608)	Rot (641)	Mittelrot (1080)	Weiß	Schwarz (DB40)
	Schwarz (953)	Schwarz (1090)	Weiß	Schwarz (DB40)
	Creme (1060)	Creme (L2)	Creme (E4)	Schwarz (DB40)
	Natur (1068)	Beige (1059)	Beige (E15)	-
	Dunkelgrün (1073)	Grün (L3)	Grüngrau (E14)	-
	Grün (1078)	Grün (L3)	Grüngrau (E14)	-
	Rot (1079)	Mittelrot (1080)	Weiß	Schwarz (DB40)
	Hellrot (1088)	Mittelrot (1080)	Weiß	Schwarz (DB40)

Bemerkungen: Diese Farbkombinationen beziehen sich auf 300 SL Flügeltürer und Roadster, wobei Himmelfarben nicht für den Roadster und Hardtopfarben nicht für den Flügeltürer gelten. Echtleder war für den Flügeltürer nur optional lieferbar. Die Farben für den serienmäßigen Schottenkarostoff waren Blau, Rot oder Grün; Angaben darüber, welche Stoffarbe mit welcher Lackierung lieferbar war, stehen nicht zur Verfügung. Folgende Verdeckstoffarben waren lieferbar (die meisten davon jedoch nur auf Wunsch): Weißgrau (132), Dunkelgrün (200, 970), Creme (702), Grau (728), Hellgrau (736), Grüngrau (852, 975), Beige (854, 855, 925 oder 979), Marineblau (896) und Grün (972).

Diese Farbkombination in Feuerwehrrot mit schwarzem Interieur war nur eine von zahlreichen Möglichkeiten, einen 300 SL Flügeltürer zu ordern.

190 SL Roadster

Lackfarbe	MB-Tex	Leder
Schwarz (DB40)	Creme (L2), Grün (L3), Schwarz (953), Grau (955), Rot (1074), Hellrot (1088)	Rot (641), Schwarz (953), Grau (955), Creme (1060), Natur (1068), Dunkelgrün (1073), Grün (1078), Rot (1079), Hellrot (1088), Perlgrau (1089)
Weiß (DB50)	Blau (L1), Creme (L2), Grün (L3), Schwarz (953), Rot (1074), Hellrot (1088)	Blau (354), Rot (641), Schwarz (953), Natur (1068), Dunkelgrün (1073), Grün (1078), Rot (1079), Hellrot (1089)
Weißgrau (DB158)	Blau (L1), Creme (L2), Grün (L3), Schwarz (953), Grau (955), Rot (1074), Hellrot (1088)	Blau (354), Rot (641), Schwarz (953), Blau (979), Natur (1068), Dunkelgrün (1073), Grün (1078), Rot (1079), Hellrot (1088), Perlgrau (1089)
Blaugrau (DB166)	Blau (L1), Creme (L2), Schwarz (953), Grau (955), Rot (1074), Hellrot (1088)	Schwarz (953), Creme (1060), Natur (1068)
Silbergraumetallic (DB 180)	Blau (L1), Creme (L2), Grün (L3), Rot (1074)	Rot (641), Schwarz (953), Blau (979), Creme (1060), Natur (1068), Dunkelgrün (1073), Rot (1079)
Graphitgrau (DB190)	Blau (L1), Creme (L2), Grau (955), Rot (1074), Hellrot (1088)	Rot (641), Grau (955), Creme (1060), Natur (1068), Rot (1079), Hellrot (1088), Perlgrau (1089)
Perlgrün (DB213)	Creme (L2), Grün (L3), Schwarz (953)	Schwarz (953), Creme (1060), Natur (1068), Dunkelgrün (1073), Grün (1078)
Hellblau (DB334)	Blau (L1), Creme (L2), Schwarz (953), Grau (955)	Blau (354), Grau (955), Blau (979), Creme (1060), Natur (1068), Perlgrau (1089)
Delphinblau (DB380)	Blau (L1), Creme (L2), Black (953), Grau (955), Rot (1074), Hellrot (1088)	Blau (354), Grau (955), Blau (979), Creme (1060), Natur (1068), Perlgrau (1089)
Feuerwehrrot (DB534)	Creme (L2), Schwarz (953), Grau (955)	Schwarz (953), Grau (955), Creme (1060), Natur (1068)
Erdbeermetallic (DB 543)	Creme (L2), Grau (955)	Schwarz (953), Creme (1060)
Elfenbein (DB608)	Blau (L1), Creme (L2), Grün (L3), Schwarz (953), Rot (1074)	Rot (641), Schwarz (953), Natur (1068), Dunkelgrün (1073), Grün (1078), Rot (1079), Hellrot (1088)

Bemerkung: Roadster waren serienmäßig mit MB-Tex, optional mit Leder erhältlich.

Sonderlackfarben: Perlgrau (DB215), Graubeige (DB157), Dunkelgrau (DB164), Hellsteingrau (DB169), Zementgrau (DB186), Limonengrün (DB218), Dunkelgrün (DB221), Moosgrün (DB226), Mittelgrün (DB229), Blaugrün (DB270), Hellgrünmetallic (DB274), Mercedesblau (DB335), Mittelblau (DB350), Hellblaumetallic (DB353), Hellblau (DB356), Brasilbraun (DB409), Beige (DB412), Dunkeltabakbraun (DB423), Creme (DB439), Hellbeige (DB441), Mittelbraun (DB442), Mittelrot (DB516), Rot (DB519), Rot (DB538), Elfenbein (DB620), Creme (DB629), Gelb (DB630)

Dörfliche Idylle mit 190 SL Roadster in schwarzem Lack und rotem Leder.

190 SL Coupé

Lackfarbe	Hardtop	Leder
Schwarz (DB40)	Weiß (DB50) Silbergraumetallic (DB180)	Grau (955) Grau (955)
Weiß (DB50)	Schwarz (DB40)	Rot (641), Schwarz (953), Rot (1079), Creme (1060), Natur (1068), Hellrot (1088)
	Weiß (DB50) Hellblau (DB334) Feuerwehrrot (DB534) Graphitgrau (DB190)	Grau (955) Blau (354) Hellrot (1088) Rot (1079)
Weißgrau (DB158)	Graphitgrau (DB190)	Rot (641), Rot (1079), Hellrot (1088)
Blaugrau (DB166)	Weißgrau (DB158) Schwarz (DB40)	Blau (979) Creme (1060)
Silbergraumetallic (DB180)	Graphitgrau (DB190)	Rot (1079)
Graphitgrau (DB190)	Schwarz (DB40) Weißgrau (DB158)	Creme (1060), Perlgrau (1083) Rot (641), Rot (1079), Perlgrau (1083), Hellrot (1088)
	Silbergraumetallic (DB180)	Rot (1079)
Perlgrün (DB213)	Schwarz (DB40)	Schwarz (953), Creme (1060), Natur (1068), Dunkelgrün (1073), Grün (1078)
Hellblau (DB213)	Weißgrau (DB158)	Blau (333), Blau (354)
Delphinblau (DB380)	Weißgrau (DB158)	Blau (354)
Feuerwehrrot (DB534)	Schwarz (DB40) Elfenbein (DB608)	Creme (1060), Natur (1068) Creme (1060)
Erdbeermetallic (DB543)	Silbergraumetallic (DB180)	Grau (955)
Elfenbein (DB608)	Schwarz (DB40)	Rot (641), Schwarz (953), Rot (1079), Hellrot (1088), Natur (1068)

Bemerkung: Coupés waren serienmäßig mit Leder erhältlich, MB-Tex hingegen war nicht lieferbar.

230/250 SL

Interieur	Lackfarbe	Hardtop	Verdeck
	MB-TEX		
112	040**	040	872
	050	040, 050	872
	180	180	872
	717	717	872
113	050	050	872
	158, 181, 670	408	437
	158	158	437
	461*	461	437
	462	462	437
	670**	670	437
114	050, 172*, 268, 332 568, 571	040	872
	181, 670	408	437
	462*	462	872
	834	834	979
115	180	180	896
	050, 707	332	896
116	463, 567, 568, 670, 717	040	872
	178	178	872
	180	180	872
	181	181	872
	462	462	872
117	040, 050, 670	040	872
	158	190	872
	178	178	872
	180	180	872
	181	181, 460	437
	332	332	872
118	040	040	872
	190	190	970
	332	040, 717	708
	387	387	708
	396	396	708
119	178	178	872
	190	158	970
	268, 568	040	872
	567, 571	158	132
	332	158	872
	387	387	132
	396	396	132
	834	834	132
120	050, 158, 181	460	437
	172	172	872
	268, 567	040	979
	332	332	872
	462	462	872
	670	408	437
	834	834	979
121	040*	181	702
	172	172	872
	268, 463	040	872
	332	332	872
	387	387	702
	396	396	702
	567	56/	702
	571	571	872
	834	834	702
122	040, 050, 670	040	872
	158	190	872
	181	460	437
	462	462	437
123	158	158	896
	158*	332	896

Interieur	Lackfarbe	Hardtop	Verdeck
	180	180	896
	670	670	872
	717**	332	896
124	040	040	872
	050	050	872
	158	158	872
	180	180	872
	LEDER		
201	050*, 180, 542, 567, 670**, 717	040	872
	050**	717	872
	462	462	872
202	050, 670, 172	040	872
	050, 181	460	872
	158	190	970
	462	462	437
203	050, 158**, 670	040	872
	158	190	872
	181	181, 460	437
	332	332	872
204	040, 050, 670	040	872
	158	190	970
	181	460	437
	462	462	437
205	158	158	872
	180	180	872
	717	162	872
206	158	158	896
	180	180	896
	670	670	872
	717	332	896
207	040	872	
	190	190	970
	332	040, 717	708
	387	387	708
	396	396	708
209	040, 463, 542	040	872
	172	172	872
	190	190	872
	332	332	872
	387	387	872
	571	571	872
	461	461	702
	567	567	702*, 872**
	834	834	702
210	040*, 050, 172, 542, 568, 571, 834	040	872
	158	158	172
	181*, 670	408	437
	190	190	872
	462	462	872
	670**	040	437
211	050	050	872
	158	158	872
	180	180	872
	670	670	872
	716**	268	872
	717*	268	872
212	040	040	872
	050	050	872
	158	158	872
	180	180	872

Interieur	Lackfarbe	Hardtop	Verdeck
213	040, 268, 501, 542,	040	872
	567	568	571
	050	050	872
	291	291	872
	460	460	872
	834	834	872
214	040, 050, 670	040	872
	158	408	437
	181	460	437
	462	462	437
	172	172	872
	387	387	872
	460	460	872
	834	834	979
216	268	040	872
	268, 567, 571	040	979
	291	291	872
	332	332	872
	670	408	437
	050, 181	460	437
	462	462	872
217	040, 050, 717	040	872
218	158, 181	408	437
	050	050	872
	158	158	872
	461	461	863
	462	462	437
219	050, 158, 172, 268 501, 568, 571	040	872
	181, 670	408	437
	190	190	872
	462	462	872
	834	834	979
220	050, 717	332	896
	180	180	872
221	040, 190, 268, 501, 568	040	872
	332, 568	158	872
	190	158	970
	571	158	132
	396	396	132
	387	387	132
222	050, 172	140	872
	158	158	872
	180	180	872
	332	332	872
	387	387	872
	717	717	872
223	040, 172, 268, 542	040	872
	190	190	970
224	040	040	872
	158	158	872
	462	462	872
	670	670	872
230	040, 268, 332, 542, 567, 568, 571, 834	040	872
	387	387	872
	460	460	872
231	158, 717	190	970
	180	172	970
232	050	040	872
	158, 181	408	437
	181	460	437
	834	834	872

* nur 230 SL; ** nur 250 SL

Codeaufschlüsselung siehe Seite 111

280 SL

MB-TEX

Interieur	Lackfarbe	Hardtop	Verdeck
131	050, 158, 568, 576, 670, 717, 726	040	740
	180	180	740
	304	304	740
	462	462	740
	467	467	740
	571	571	740
	906	906	740
132	050, 670, 717	040	740
	158	158	740
	172	040	741
	180	180	740
	728	728	741
	904	904	740
133	040, 050, 670	040	740
	158	158	740
	172	040	741
	461	461	740
134	050	050	747
	158	158	747
	180	180	747
	462	462	747
	467	467	747
	670	670	747
	717	717	747
135	180	180	744
	304	304	744
	717	904	744
	906	906	744
136	040	040	740
	172	172	741
	173	173	741
137	350	350	742
	387	387	742
	903	903	742, 744
	904	904	742, 744
138	050	050	746
	158, 181, 670	423	746
	462	462	746
	467	467	746
	726	726	746
	728	728	746
139	050	050	740
	158	158	746
	172	040	741
	181, 423, 670	423	746
	268, 571	040	740
	291	291	747
	461	461	740
	834	834	747
140	050	050	746
	158, 181	423	746
	268, 568	040	740
	291	291	747
	461	461	740
	467	467	746
	670	670	746
	834	834	747
141	172	172	741
	268, 542, 568, 571, 576	040	740
	291	291	745
	350	350	740
	387	387	745
	728	728	745
	834	834	745
	903	903	745
	904	904	740
144	040	040	740
	172	172	741
	173	173	740
145	350	350	740
	387	387	744
	903	903	743, 744
	904	904	743, 744
	906	906	743, 744
146	268	040	740
	291	291	747
	423	423	746
	460	460	740
	461	461	740
	834	834	743, 747
147	542, 568, 576	040	740
	571	040	743

LEDER

Interieur	Lackfarbe	Hardtop	Verdeck
241	050, 158, 568, 576, 670, 717, 726	040	740
	180	180	740
	304	304	740
	462	463	740
	467	467	740
	571	571	740
	906	906	740
242	050, 717	040	740
	158	158	740
	172	040	741
	180	180	740
	728	728	741
	904	904	740
243	040, 050, 172, 670	040	740
	158	158	740
	461	461	740
244	050	050	747
	158	158	747
	180	180	747
	462	462	747
	467	467	747
	670	670	747
	717	717	747
245	180	180	744
	304	304	744
	717	904	744
	906	906	744
246	040	040	740
	172	172	741
	173	173	741
247	350	350	742
	387	387	742
	903	903	742, 744
	904	904	742, 744
248	050	050	746
	158, 181, 670	423	746
	462	462	746
	467	467	746
	726	726	740
	728	728	746
249	040, 181, 423, 670	423	746
	050	050	740
	158	158	746
	172	040	741
	268, 571	040	740
	291	291	747
	461	461	740
	834	834	747
250	050	050	746
	158, 181	423	746
	268, 568	040	740
	291	291	747
	461	461	740
	467	467	746
	542	542	740
	670	670	746
	834	834	747
251	172	172	741
	268, 542, 568, 571, 576	040	740
	291	291	740
	350	350	740
	387	387	745
	728	728	745
	834	834	745
	903	903	745
	904	904	740
254	040	040	740
	172	172	741
	173	173	740
255	350	350	740
	387	387	744
	903	903	743, 744
	904	904	743, 744
	906	906	743, 744
256	268	040	740
	291	291	747
	423	423	746
	460	460	740
	461	461	740
	834	834	743, 747
257	542, 568, 576	040	740
	571	040	743

Das Bild zeigt einen 280 SL in der recht seltenen Farbe Moosgrün metallic mit Lederinterieur in Cognac.

FARBCODES 230/250/280 SL

Innenausstattung

230/250 SL MB-TEX

Code	Polsterung	Fußmatten	Teppiche
112	Türkis (2200)	Anthrazit (6131)	Türkis (6218)
113	Bronzebraun (2400)	Braun (6450)	Braun (6454)
114	Naturhell (2401)	Braun (6450)	Braun (6454)
115	Dunkelblau (2300)	Anthrazit (6131)	Graphit (6117)
116	Kaviar (2100)	Anthrazit (6131)	Schwarz (6125)
117	Rot (2500)	Anthrazit (6131)	Mittelrot (6509)
118	Hellgrau (2101)	Mittelgrau (6135)	Dunkelgrau (6143)
119	Weißgrau (2102)	Anthrazit (6131)	Creme (6434)
120	Cognac (2402)	Braun (6450)	Braun (6454)
121	Creme (2403)	Braun (6450)	Braun (6454)
122	Hellrot (2505)	Anthrazit (6131)	Mittelrot (6509)
123	Mittelblau (2310)	Blau (6317)	Blau (6314)
124	Grün (2712)	Anthrazit (6131)	Grün (6213)

230/250 SL LEDER

Code	Polsterung	Fußmatten	Teppiche
201	Schwarz (953)	Anthrazit (6131)	Schwarz (6125)
202	Rot (641)	Anthrazit (6131)	Weinrot (6510)
203	Rot (1079)	Anthrazit (6131)	Mittelrot (6509)
204	Hellrot (1088)	Anthrazit (6131)	Mittelrot (6509)
205	Blau (979)	Blau (6317)	Graphit (6117)
206	Mittelblau (354)	Blau (6317)	Dunkelgrau (6314)
207	Hellgrau (955)	Anthrazit (6131)	Dunkelgrau (6314)
209	Creme (1060)	Braun (6450)	Braun (6454)
210	Natur (1068)	Braun (6454)	Braun (6454)
211	Dunkelgrün (1073)	Anthrazit (6131)	Grün (6213)
212	Resedagrün (1078)	Anthrazit (6131)	Grün (6213)
213	Antikhellgelb (1065)	Anthrazit (6131)	Schwarz (6125)
214	Rost (1099)	Braun (6450)	Rost (6508)
216	Cognac (1505)	Braun (6450)	Braun (6454)
217	Türkis (1101)	Anthrazit (6131)	Türkis (6218)
218	Bronzebraun (5400)	Braun (6450)	Braun (6454)
219	Naturhell (1098)	Braun (6450)	Braun (6454)
220	Dunkelblau (5300)	Anthrazit (6131)	Graphit (6117)
221	Weißgrau (5102)	Anthrazit (6131)	Creme (6434)
222	Weinrot (1087)	Anthrazit (6131)	Weinrot (6510)
223	Mittelgrau (655)	Anthrazit (6131)	Anthrazit (6131)
224	Helloliv (653)	Anthrazit (6131)	Grün (6213)
230	Eierschale (1112)	Anthrazit (6131)	Schwarz (6125)
231	Anthrazit (5111)	Anthrazit (6131)	Schwarz (6125)
232	Braun (572)	Braun (6450)	Braun (6454

280 SL MB-TEX

Code	Polsterung	Fußmatten	Teppiche
131	Schwarz (9000)	Weiß (9002)	Dunkelgrau (7006)
132	Rot (3000)	Creme (8036)	Rot (3004)
133	Hellrot (3001)	Creme (8036)	Hellrot (3008)
134	Grün (6000)	Creme (8036)	Dunkelgrün (6002)
135	Blau (5000)	Weiß (9002)	Blau (5003)
136	Grau (7000)	Weiß (9002)	Dunkelgrau (7006)
137	Grau (7000)	Weiß (9002)	Blau (5003)
138	Dunkelbraun (8010)	Creme (8036)	Dunkelbraun (8015)
139	Bambus (8011)	Bambus (8038)	Braun (8008)
140	Cognac (8006)	Bambus (8038)	Braun (8008)
141	Beige (8000)	Creme (8036)	Beige (8003)
144	Pergament (8014)	Creme (8036)	Dunkelgrau (7006)
145	Pergament (8014)	Creme (8036)	Blau (5003)
146	Pergament (8014)	Creme (8036)	Dunkelbraun (8015)
147	Pergament (8014)	Creme (8036)	Rot (3004)

280 SL LEDER

Code	Polsterung	Fußmatten	Teppiche
241	Schwarz (9000)	Weiß (9002)	Dunkelgrau (7006)
242	Rot (3000)	Creme (8036)	Rot (3004)
243	Hellrot (3001)	Creme (8036)	Hellrot (3008)
244	Grün (6000)	Creme (8036)	Dunkelgrün (6002)
245	Blau (5000)	Weiß (9002)	Blau (5003)
246	Grau (7000)	Weiß (9002)	Dunkelgrau (7006)
247	Grau (7000)	Weiß (9002)	Blau (5003)
248	Dunkelbraun (8010)	Creme (8036)	Dunkelbraun (8015)
249	Bambus (8011)	Bambus (8038)	Braun (8008)
250	Cognac (8006)	Bambus (8038)	Braun (8008)
251	Beige (8000)	Creme (8036)	Beige (8003)
254	Pergament (8014)	Creme (8036)	Dunkelgrau (7006)
255	Pergament (8014)	Creme (8036)	Blau (5003)
256	Pergament (8014)	Creme (8036)	Dunkelbraun (8015)
257	Pergament (8014)	Creme (8036)	Rot (3004)

Lackfarben

040 Schwarz (230/250/280 SL)
050 Weiß (230/250/280 SL)
124 Arabischgrau (230/250/280 SL)
140 Hellgrau (230 SL)
158 Weißgrau (230/250/280 SL)
162 Blaugrau (230/250 SL)
172 Anthrazitmetallic (230/250/280 SL)
173 Anthrazit (280 SL)
178 Mittelgraumetallic (230/250 SL)
180 Silbergraumetallic (230/250/280 SL)
181 Hellbeige (230/250/280 SL)
190 Graphit (230/250 SL)
226 Moosgrün (230 SL)
268 Dunkelgrün (230/250/280 SL)
291 Dunkeloliv (250/280 SL)
304 Horizontblau (230/250/280 SL)
332 Dunkelblau (230/250 SL)
334 Hellblau (230/250 SL)
335 Blau (230/250 SL)
350 Mittelblau (230/250/280 SL)
387 Blaumetallic (230/250/280 SL)
396 Mittelblaumetallic (230/250/280 SL)
408 Havannabraun (230/250 SL)
423 Tabakbraun (280 SL)
460 Dunkelrotbraun (230/250/280 SL)
461 Bronzebraunmetallic (230/250/280 SL)
462 Tunisbeigemetallic (230/250/280 SL)
463 Kupfermetallic (230/250 SL)
467 Sandbeigemetallic (280 SL)
501 Rot (250 SL)
516 Mittelrot (230 SL)
519 Hellrot (230/250 SL)
542 Dunkelrot (250/280 SL)
567 Lasurotmetallic (230/250 SL)
568 Signalrot (230/250/280 SL)
571 Rotmetallic (230/250/280 SL)
573 Dunkelbordeauxrot (230 SL)
576 Rot (280 SL)
670 Hellelfenbein (230 SL)
716 Graubeige (230/250 SL)
717 Papyrusweiß (230/250/280 SL)
726 Beigegrau (280 SL)
728 Beigegraumetallic (280 SL)
834 Moosgrünmetallic (230/250/280 SL)
903 Blau (280 SL)
904 Dunkelblau (280 SL)
906 Hellblaumetallic (280 SL)

Verdeckstoffe

132 Weißgrau (230/250 SL)
437 Braun (230/250 SL)
702 Creme (230/250 SL)
708 Hellgrau (230/250 SL)
740 Schwarz (280 SL)
741 Dunkelgrau (280 SL)
742 Hellgrau (280 SL)
743 Pergament (280 SL)
744 Dunkelblau (280 SL)
745 Beige (280 SL)
746 Dunkelbraun (280 SL)
747 Dunkelgrün (280 SL)
863 Braunbeige (230/250 SL)
872 Schwarz (230/250 SL)
896 Marineblau (230/250 SL)
970 Dunkelgrün (230/250 SL)
972 Grün (230/250 SL)
979 Beige (230/250 SL)